W0184231

btb

Aus Freude am Lesen

btb

Buch

»So ein Hund ist der Junggeselle, der man gern gewesen wäre.« Während sich Herrchen zum Schein entrüstet, wenn sein Hund Leute anknurrt, dem Nachbarn vor die Tür kackt oder seine Nase unter kurze Röcke schiebt, freut er sich doch insgeheim diebisch, tut sein Hund doch für ihn, was er selbst nicht darf. An vielen solcher Beispiele zeigt sich Dekkers, wie seine Leser ihn lieben: frech, klug und zum Brüllen komisch. In seinen Geschichten bringt er spielerisch eine ganze Menge an Informationen unter die Leute.
Und das alles mit dem schonungslosen, aber nie lieblosen Realismus des Biologen, der über die Natur – sei sie tierischer oder menschlicher Art – sehr genau Bescheid weiß. Mensch und Tier werden zu gegenseitiger Illustration benutzt, zur ironischen wechselseitigen Erhellung und Beleuchtung. Das macht die Tiergeschichten zu einem aufregenden Lesevergnügen.

Autor

Midas Dekkers, geboren 1946, ist der bekannteste und populärste Biologe Hollands. Außerdem hat er sich als Essayist einen Namen gemacht. Seine Hörfunk- und Fernsehsendungen sind äußerst beliebt. Mann nennt ihn auch den »Grzimek der Niederlande«. In Deutschland wurde er vor allem durch seine Kulturgeschichte der Vergänglichkeit »An allem nagt der Zahn der Zeit« berühmt.

Midas Dekkers bei btb

An allem nagt der Zahn der Zeit. Eine Geschichte der Vergänglichkeit (72723)
Geliebtes Tier. Die Geschichte einer innigen Beziehung (73165)

Midas Dekkers

Das Gnu und du

Tierische Geschichten

Aus dem Niederländischen von Ira Wilhelm
Mit Zeichnungen von Lucia Obi

btb

Die Originalausgabe erschien 1997 unter dem Titel
»De gnoe en andere beesten« (u. a.) bei Uitgeverij Contact.

Umwelthinweis:
Alle bedruckten Materialien dieses Taschenbuches
sind chlorfrei und umweltschonend.

Der btb-Verlag ist ein Unternehmen der Verlagsgruppe
Random House.

1. Auflage
Genehmigte Taschenbuchausgabe August 2004

Umschlaggestaltung: Design Team München
Umschlagfoto: Voller Ernst
Satz: Uhl + Massopust, Aalen
SR · Herstellung: Augustin Wiesbeck
Made in Germany
ISBN 3-442-73136-4
www.btb-verlag.de

Inhalt

Tiere und Menschen

Lieblinge

Federvieh

Insekten und was sonst noch kriecht

Menschen und Tiere

Tiere und Menschen

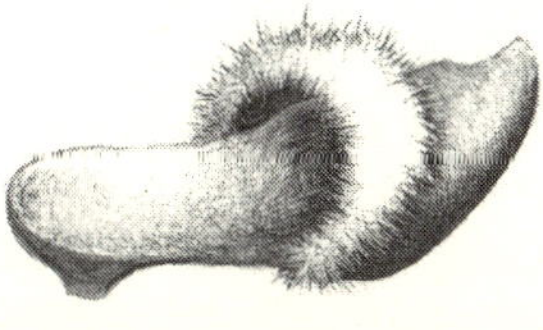

Das Faultier

Wenn Sie morgens endlich auf den Beinen sind, haben Sie die schwierigste Aufgabe des Tages schon bewältigt. Aufstehen ist das einschneidendste Ereignis des Alltags, und es ist ein Wunder, dass der Mensch es Tag für Tag überlebt. Manchmal gelingt es nur mit Hängen und Würgen; dann ist man mit dem falschen Bein aufgestanden. Im Schweiße unseres Angesichts verdienen wir unser Brot, und unter Schmerzen gebären unsere Frauen die Kinder, aber wenn es die Erbsünde tatsächlich gibt, dann lauert sie auf dem Bettvorleger, und zwar jeden Morgen aufs Neue.

Damit Sie begreifen, wie groß die Probleme beim Aufstehen tatsächlich sind, sollten Sie sich mal im Schlaf sehen. Sie würden erschrecken! Statt des agilen Bürgers, der so manches auf der Pfanne hat, liegt da ein lascher Schlappschwanz; der eben noch feurige Liebhaber ist schlaff und zusammengesunken, treuherzig und unschuldig wie ein Kind, das der Sprache noch nicht mächtig ist, liegt der Körper da. Der Geist schwebt in fernen Gefilden und erlebt Abenteuer, von denen man am Tage nur träumen kann. Doch auch im Körper findet sich nur noch wenig von Ihrem gewohnten Ich. Das Herz des Schläfers schlägt langsamer, der Stoffwechsel ist auf vollkommen andere Prozesse eingestellt, und die Atmung hört sich an, als würden Bäume abgesägt. Sie fragen sich, wie Sie so tief haben sinken können, und eines ist sicher: Sie, der Sie wach sind, haben mit dem schnarchenden Jammerlappen da nichts zu tun. Kein Wunder, dass der Übergang vom einen zum anderen Ich – das Wachwerden – denn auch so etwas wie Hexerei ist, eine Metamorphose, die allenfalls der von der Raupe zum Schmetterling vergleichbar ist. Auch Sie schlüpfen erst nach langem Warten aus einem warmen Kokon, auch bei Ihnen geht noch eine ganze Zeit für Waschen, Pfriemeln und Flügelaufpumpen drauf, bevor Sie als vollwertiger Schmetterling das Büro betreten können.

Aber es gibt einen Trost: Sie sind nicht der Einzige. Fast alle Säugetiere kennen die Qual des Aufwachens. Mit einer Ausnahme: das Faultier. Dieses südamerikanische Tier schläft fünfzehn Stunden pro Tag. Daraus nun zu schließen, dass es neun Stunden pro Tag wach sei, wäre übereilt. Ein Faultier wird nie richtig wach. Meistens hängt es kopfunter an irgendeinem Ast, und wenn es sich bewegt, dann in Zeitlupe. Andere Gewohnheiten dieses Tieres sind nicht bekannt; es hat einfach keine. Ein Faultier ist sogar zu träge, seine Körpertemperatur zu halten – sie schwankt zwischen 24 und 37° C. Sich waschen ist auch nicht drin. Sein Fell ist mit grünen Algen bewachsen und ein willkommenes Nest für Insekteneier. Das Faultier kümmert's nicht; es gedeiht trotzdem. Es ist buchstäblich zu faul, um auszusterben. Durch das schmutzige, grünalgige Fell und die trägen Bewegungen fällt es Feinden erst gar nicht auf, und zu essen hat es immer genug, weil es nur wenig braucht.

Morgen früh duschen Sie vielleicht zum fünfundzwanzigtausendsten Mal und schlüpfen zum fünfzigtausendsten

Mal in einen Socken. Doch dazwischen liegt die Nacht, und Sie ziehen sich zum vierundzwanzigtausendneunhundertneunundneunzigsten Mal aus, um sich eine Weile im Bett hin- und herzuwälzen und endlich in den Zustand zu geraten, aus dem Sie morgen früh nur unter großen Schwierigkeiten wieder herausfinden. So was hält auf Trab. Hören Sie doch einfach auf damit. Nehmen Sie sich ein Beispiel am Faultier und werden Sie ganz ruhig. Warten Sie nicht länger, tun Sie es gleich! Fan-gen-Sie-noch-heu-te-da-mit-an.

Die Weinbergschnecke

Ostern. Endlich: Frühling. Die Natur erwacht. Lämmchen tummeln sich auf der Weide, Flöhe recken die Beine, Stechmücken nehmen an Baggerseen ihre Ausgangspositionen ein, die Schneeglöckchen verwelken, und aus dem Erdboden drängt sich nach langem Winterschlaf das eine oder andere Grauen: Spinnen, Asseln und – noch in der Winterverpackung – Weinbergschnecken. Die Schnecke sprengt den Deckel ab, mit dem sie sich in ihrem Häuschen eingeschlossen hat, und heraus quillt der eigentliche Schleimer. Fühler werden ausgefahren, und eine vage Existenz nimmt ihr Leben wieder auf.

Worauf ich mir bei einer Weinbergschnecke noch nie einen Reim machen konnte, ist ihre Substanz. Woraus besteht sie eigentlich? Aus einem alten Staubsaugerschlauch?

Aus koreanischem Kaugummi? Weder Fisch noch Fleisch, damit scheint man der Sache noch am nächsten zu kommen. War man sich eben noch sicher, dass eine Schnecke aus demselben Material besteht wie die Maulsabberlappen eines Boxers, so kommen einem gleich Bedenken, weil ihre Ausstülpungen so einstülpbar sind und der Körper fast flüssig, also muss das Material, aus dem sie gemacht ist, formbarer sein. Eine dem Mikroskop entwischte, monsterhaft aufgeschwollene Amöbe ist die Weinbergschnecke, nichts anderes. Armer Weinberg.

Ausgerechnet dieses Tier nun ist eine Delikatesse für viele Feinschmecker. Ein Feinschmecker ist jemand, der viel Geld bezahlt für ein Gericht, das ein normaler Mensch nicht anrühren würde. Findet ein normaler Mensch Schnecken in seinem Salat, schüttelt es ihn. Passiert das einem Feinschmecker, sagt er plötzlich *dressing* zum Salat und schlürft die Schneckenhäuser leer. Irgendwie hängt das mit der Anzahl zusammen: Zwei, drei Schnecken auf dem Teller sind eklig, sechs oder zwölf sind eine Delikatesse.

Die meisten Feinschmecker findet man in Frankreich. Hier werden die Weinbergschnecken *escargots* genannt und jedes Jahr zu Millionen Kilos eingesammelt, aufgeklaubt und aus der Erde gepuhlt. In den Restaurants allerdings wird ein Vielfaches davon verspeist. Wie kommt das? Zum einen ermöglichen dies die Schneckenfarmen, zum anderen kommt es dadurch, dass viele Köche die Schneckenhäuschen mit Kuhlunge, Pferdefleisch oder anderem Pseudozeug füllen. Ein Grund auch, weshalb die Schnecken in der Regel mit viel Knoblauch und bei schummrigem Kerzenlicht serviert werden.

Schnecken, die diesem Zirkus entwischen, paaren sich im Frühling. Eine unappetitliche Sache. Nach zahllosen nassen Küssen pressen die zwei Schnecken so lange die Köpfe aneinander, bis sie halbwegs aufrecht stehen, glitschige Fußsohle an glitschiger Fußsohle. In diesem Moment scheinen die beiden Schnecken nur noch aus Geschlechtsorganen zu bestehen, und zwar von jener undefinierbaren, wabbligen Konsistenz, die Beate-Uhse-Produkte zwar nachzuahmen versuchen, aber nie in befriedigender Weise erreichen können und die zwei in Liebesdingen unerfahrene Teenager das erste und letzte Mal zögern lässt. Wie Zungen zweier Greise sehen sie aus. Vor allem aber muss man an die Vereinigung eines *escargot* mit der Zunge eines Feinschmeckers denken: Ein Vieh, das ein Mensch normalerweise nicht mal mit der Hand berührt, kitzelt jetzt nackt dessen Zunge. Eine bizarre Form der Sodomie, die vor allem Engländer mit Abscheu erfüllt. Dem Engländer Hackwood gab die These, dass »das Nationalgericht den Charakter einer Nation widerspiegelt«, doch sehr zu denken; das würde doch ein grelles Licht werfen auf den »Kontrast zwischen dem glatten, glitschigen, flüchtigen Charakter des Suppen, Schnecken und Frösche verzehrenden Franzosen und dem gediegenen, soliden und standhaften Charakter (seiner) eigenen Rind und Pudding essenden Landsleute«.

In den Niederlanden ist es verboten, Weinbergschnecken zu jagen. Die Art steht unter Naturschutz. Man darf sie nicht fangen, nicht besitzen, nicht transportieren, nicht töten und nicht mal in Angst und Schrecken versetzen. Aber essen darf man sie. Der Höhepunkt eines Abendessens, so eine Weinbergschnecke, und noch dazu im passenden eigenen Geschirr serviert. Dazu ein gutes Glas Schneckenbergwein.

Der Bonobo

Verwandtschaft kann einem schon Sorgen machen. Ein Onkel mit Segelohren, ein Neffe, der nichts als Unsinn im Kopf hat, spillrige Nichten: Dass deren Blut auch in den eigenen Adern fließt, ist keineswegs eine Beruhigung. Man kann natürlich Glück mit seiner Familie haben, aber so manchem bleibt bei einem Familienfest schier das Herz stehen, wenn er den Blick in die Runde schweifen lässt. Kein Wunder, dass man bei solchen Gelegenheiten hin und wieder einen über den Durst trinkt.

Sie können sich vorstellen, wie peinlich es war, als man vor ungefähr hundert Jahren entdeckte, dass wir zur Familie der Affen gehören. »Beten wir, dass es nicht stimmt!«, rief eine englische Pfarrersfrau, »und wenn doch, dann lasst uns dafür beten, dass sich die Nachricht nicht verbreitet.« Ihr Gebet wurde nicht erhört. In den Zoos versammeln sich die Menschen zuhauf um die Käfige ihrer Verwandten, aber das Lachen, das dort zu hören ist, klingt nicht ganz unbeschwert. Nachdem die Menschen ein paar Erdnüsse, einen Mandelkeks und einen Honigkuchen geopfert haben, verlassen sie den Zoo wieder – froh, dass wenigstens diese Verwandten hinter Gittern sitzen, und außerdem mit jener Erleichterung, mit der man sich unter Zurücklassung eines Blumenstraußes oder Obstkorbs rasch von einem Kranken verabschiedet.

Trotzdem sieht die Sache nicht so düster aus, wie wir anfangs befürchteten. Und zwar deshalb, weil wir immer die falschen Affen vor Augen hatten. Nicht den Schimpansen, den Orang-Utan oder den Gorilla müssen wir als unseren nächsten Verwandten betrachten, sondern eine vierte Menschenaffenart, die in kaum einem Zoo zu finden ist: den Bonobo. Diese Affenart wurde 1930 zum ersten Mal in der Fachliteratur beschrieben, und auf der ganzen Welt leben nur ungefähr hundert Exemplare davon in Gefangenschaft. Ihr Anblick lässt einen aufatmen. Ein Bonobo ist im Grunde ein stark verbesserter Schimpanse: Er ist schlanker, zierlicher, behänder und menschlicher. Unter seiner hohen Stirn schaut er lange nicht so affenhaft drein wie ein Schimpanse, und auf seinem Kopf prangt ein prächtiger schwarzer, ordentlich in der Mitte gescheitelter Haarschopf. Auch sein Verhalten erinnert uns an uns selbst. Diese Erfahrung machte ein neuer Bonobowärter im Zoo von San Diego, als er sich von einem jungen Männchen küssen ließ. Plötzlich spürte er etwas Warmes und Schlabbriges im Mund. Doch beim Zungenkuss belassen die Bonobos die Verwandtschaft nicht. Der niederländische Biologe Frans de Waal beobachtete die Bonobokolonie in San Diego über einen längeren Zeitraum und stellte fest, dass von hundert Paarungen nur ein Drittel zwischen einem erwachsenen Männchen und einem erwachsenen Weibchen stattfanden; der Rest erfolgte zwischen Frau und Frau, Mann und Kind, Mädchen und

Mädchen, Bruder und Bruder etc., etc. In unserer Gesellschaft würde so ein Bonobo schnell mal für zwanzig Jahre hinter Gefängnisgittern landen.

Doch in der Bonobogesellschaft dient der Sex der Erhaltung des Friedens: Affen, die sich lieben, kämpfen nicht. Kommt es wirklich mal zu ernsthaftem Streit, endet dieser immer mit leidenschaftlichem Kusswechsel, wie bei uns der Streit eines jung verheirateten Paares meist im Bett endet. Und zwar, dass die Fetzen fliegen! Das Ulkige an den Bonobos ist, dass sie sich gerne Bauch an Bauch und Auge in Auge paaren. Das sieht so menschlich aus, dass man selber Lust bekommt – etwas, was einem beim Anblick sich paarender Hunde nur schwerlich passiert. Männchen wie Weibchen verziehen beim Orgasmus manchmal in typischer Weise das Gesicht und stoßen kleine, ziemlich eindeutige Schreie aus. Auch in dieser Hinsicht besteht kaum Zweifel daran, dass die Bonobos unsere nächsten Verwandten sind. Für Familienfeste jedenfalls wären sie eine enorme Bereicherung.

Muhkuh

Latein und Griechisch sind nicht kleinzukriegen. Schon als rotznasige Abc-Schützen verstanden wir das *Kyrie eleison* (Herr, erbarme dich) und vor allem das *Ite missa est* (Gehet hin in Frieden). Heutzutage werfen Grundschüler ohne jegliches Stottern mit Namen wie Velociraptor und Tyrannosaurus rex um sich. Das waren noch richtige Tiere! Zu schade, dass es die nicht mehr gibt. Die großen Schwestern der Grundschüler peppen in der Zwischenzeit ihr Latein mit Begriffen wie *Anorexia nervosa* auf.

Auch ich leide an einer interessanten lateinisch-griechischen Krankheit. Schon seit Jahren. Lange wusste ich nicht, wie sie hieß, bis ein Freund, der ebenfalls daran leidet, mich aufklärte: Es ist die Bovilexie, vom lateinischen Wort *bovis* (Kuh) und dem griechischen *lexis* (sprechen). Wer Bovilexie hat, kann an keiner Viehweide vorbeigehen, ohne den Kühen ein »Muh« zuzurufen. Wie es bei solch besonderen Krankheiten oft der Fall ist, glaubte auch ich lange, ich wäre als Einziger davon befallen. Entschließt man sich aber erst mal, darüber zu reden, stellt sich heraus, dass die Krankheit verbreiteter ist, als man denkt. Nur woher sie kommt, weiß keiner. Ich glaube, sie hat ihre Ursache darin, dass der Mensch sich immer danach sehnt, mit den Tieren Kontakt aufzunehmen. Allerdings hat sie auch viel mit den dauernden Enttäuschungen zu tun, wenn man wieder mal erkennen muss, dass dieser Wunsch nicht auf Gegenseitigkeit beruht. In seiner Not greift der Mensch zu einem Trick: Er vermenschlicht das Tier. Jeder, der im Grobschlächtigen einer Kuh schon einmal einen Onkel x-ten Grades oder in deren Samtaugen eine verflossene Liebe wiedererkannt hat, schlägt eine Brücke zum Tier, auch wenn diese Brücke nur am diesseitigen Ufer verankert ist. So jemand ist reif für die Bovilexie.

Möglicherweise gehört das zu einer hoch entwickelten Kultur. Der Dichter Rudy Kousbroek schreibt in seinem Buch »Die unmögliche Liebe«: »Wie glücklich das Land, wo Zeitungen niedliche Tierfotos drucken, die Feuerwehr Katzen aus Bäumen und Hunde aus brennenden Häusern rettet, wo Babys von Kindergeschirr mit putzigen Beatrix-Potter-Hasen essen und Schlabberlätzchen mit aufgestickten Entchen umhaben. Das alles weist auf ein gewisses kulturelles Niveau hin. In Ländern ohne solche Dinge ist der Mensch seines Lebens nicht sicher, von den Tieren mal ganz zu schweigen.« Ich glaube, es ist ganz in Kousbroeks Sinn, wenn ich dieser Liste von »solchen Dingen« das Muh-Rufen hinzufüge. Womit ich übrigens die Niederlande – trotz ihrer Wildgansjagd, der Freizeitkleidung und der Fernsehkomiker – automatisch zu den kultiviertesten Ländern der Erde rechne, obwohl gerade hier mit Kühen Sachen angestellt werden, die alles andere als kultiviert zu nennen sind.

Das Problem mit den Kühen resultiert aus der Beschränktheit ihres Ausdrucksvermögens. Ihr Schwanzwedeln ist kein Ausdruck der Freude, und ihre Mimik erschöpft sich im Hin-und-Her-Bewegen der Ohren. Würde sich ein Mensch allein mithilfe seiner Ohren äußern, wäre er schwerlich ein unterhaltsamer Gesellschafter. Warum aber fühlen wir uns dann von Kühen so angezogen? Wo sie doch ein Streicheln kaum spüren, Würfelzucker nicht mögen und fürs Wohnzimmer einfach zu groß sind, weshalb sich auch der fanatischste Kuhliebhaber mit einem Meerschweinchen begnügen muss? Dennoch scheint gerade diese Unergründlichkeit der Kuh, ihre *Seele*, ausschlaggebend zu sein. Kühe, das sind eben richtige Tiere! Und deshalb lässt man sie auch nicht aussterben.

Sie sind leck. Prüfen Sie's nach. Gießen Sie sich voll. Egal ob mit Milch oder Mokka, Vieux oder Napoléon, es kommt als Pisse wieder raus. Im Durchschnitt pinkelt jeder Mensch ungefähr einen Liter Flüssigkeit pro Tag. Sie können's ruhig nachmessen. Das ist deutlich weniger als die zwei bis drei Liter, die Sie täglich in sich hineinschütten. Fehlen also ein bis zwei Liter. Ergo: Sie sind leck!

Aber wo befindet sich das Leck? Bei einem Fahrradreifen kann man das leicht herausfinden: Man braucht ihn nur in einen Eimer Wasser zu tauchen. Bei einem leckgeschlagenen Menschen tut's ein Ofen. Man setze ihn davor, und aus allen Löchern tritt Wasser. Er schwitzt aus zwei Millionen Poren. Doch dieser Schweiß besteht nicht nur aus Salz, sondern auch aus Harnstoff, Milchsäure und anderen Stoffwechselprodukten bis hin zum Knoblauch. Kosten Sie nur. Und was sie dabei schmecken ist kein Wasser, das ist Pisse. Sie pinkeln also pro Tag nicht nur eine einzige große Urinpfütze, sondern Millionen kleine.

Aber wie bei einem lecken Fahrradreifen muss man immer wieder nachfüllen. In der Regel geht das recht einfach. Nur in der Wüste ist es ein Problem, weil in einer echten Wüste das Wasser schneller verdampft, als es sich niederschlägt. Deshalb ist eine Wüste auch so unwirtlich, und deshalb wohnen dort auch nur Nomaden. Sie ziehen vom Brunnen zur Oase und von der Oase zum Brunnen. Ihren Wasservorrat transportieren sie dabei auf einem Dromedar – und im Dromedar. Während der Besitzer dem

Tier hundert Liter Wasser auf den Höcker packt, säuft das Dromedar weitere hundert Liter in sich hinein. Einem Menschen wäre das zu viel. Auch wenn man berücksichtigt, dass er dreimal so klein ist, könnte er eine vergleichbare Portion – dreiunddreißig Liter – niemals schaffen. Im Mittelalter war das eine Foltermethode: Man steckte dem Opfer einen Trichter in den Hals und zwang es, sechzehn Pint (in besonders schweren Fällen konnten es auch schon mal zweiunddreißig Pint Wasser sein) runterzuschlucken; die abscheulichen Folgen kann man sich vorstellen.

Wo aber lässt das Dromedar so viel Wasser? Nicht in seinem Magen, der ist zu klein, auch nicht in seinem Höcker, der besteht größtenteils aus Fett. Wenn der Höcker nach einer langen Wüstenreise geschrumpft ist, muss das Tier sich ihn wieder anfressen und nicht ansaufen. Nein, das ganze Wasser verläuft sich im Darmgewirr und verteilt sich dann im ganzen, nunmehr über hundert Kilo schwereren Körper.

Aber auch ein Dromedar hat Lecks. Wenn es schwer arbeiten muss, verliert es bis zu zehn Liter Schweiß pro Tag. Um seinen Wasservorrat zu schonen, pinkelt es trotz seines riesigen Körpers genau wie wir nur einen einzigen Liter Flüssigkeit, und auch der Kot ist eher trocken. Auf diese Weise hält es ein Dromedar bei schwerer Arbeit ungefähr eine Woche aus, ohne zu trinken.

Dieses Wissen verdanken wir zwei Frauen, Hilde Gauthier-Pilters und Anne Innis Dagg, die längere Zeit mit Nomaden durch die Wüste zogen. Gewissenhaft maßen sie nicht nur das Dromedarwasser, sondern auch ihre eigenen Bächlein. Man kann sie direkt vor sich sehen, die beiden tüchtigen Tantchen, wie sie mit ihren Becherchen und Säckchen, ihren Eimern und Maßzylindern hantieren. Und es damit zu Ruhm und Ehre bringen. Aus achtunddreißig Damenpinkelsitzungen ermittelten sie eine durchschnittliche Flüssigkeitsabgabe von dreihundertvierzig Milliliter pro Tag. Wie die Dromedare hatten die Damen ihren Urinausstoß auf ein Drittel reduziert. Nicht ohne Stolz berichteten sie, dass sie mit ihrem Tagesminimum von hundertachtzig Milliliter fünfzig Milliliter unter dem Rekord männlicher Wüstenbewohner lagen und sogar den großen Saharakenner Monod weit hinter sich ließen. So blieb mehr Wasser für Schweiß übrig. Womit wissenschaftlich erwiesen wäre: Damen sind lecker als man glaubt.

Das Schoßtier

Der belgische Komiker Urbanus machte Witze über eine blinde Schildkröte, die seit zwei Jahren mit einem deutschen Stahlhelm verlobt sei. Irre, nicht wahr? Doch Urbanus ist nur halb so irre, wie er es gerne sein möchte, weil es solche Schildkröten tatsächlich gibt. Der Zoowärter Heini Hediger wusste von einer einsam aufgewachsenen Schildkröte zu berichten, die nicht davon abzubringen war, die Stiefel des Wärters zu umwerben. Und diese Art des Fetischismus beschränkt sich nachweislich nicht auf Schildkröten. Im Zoo von Miami trieb es ein

Tiger mit einem Autoreifen, unter lautem Grunzen, mit Nackenbiss und allem, was so dazugehört. In freier Natur passiert so etwas nicht allzu oft, doch zeigen Tiere durchaus, dass sie in dieser Hinsicht Fantasie besitzen. In einem schlanken Gummiboot kann man deshalb vor verliebten Delfinen nie ganz sicher sein, und so mancher Wal versuchte schon, mit einem größeren Schiff intimen Kontakt aufzunehmen. Das kommt einer Vergewaltigung gleich, und das Schiff ist hinterher reif fürs Verschrotten.

Selten allerdings vergreift sich ein Tier an einem Mittier. Wer hat schon mal einen Frosch mit einer Schnecke die Liebe betreiben sehen oder einen Elefanten mit einer Giraffe? Art sucht Art auf. Und das ist auch gut so, denn sonst gäbe es mit der Zeit kaum noch Frösche, Schnecken, Elefanten und Giraffen. Geht eine Art fremd, dann fast immer mit einem nahen Verwandten: ein Pferd mit einem Esel oder ein Tiger mit einem Löwen. Und dann sind meistens Kindheitstraumata oder mangelnde Auswahl daran schuld.

Die Ausnahme ist natürlich mal wieder der Mensch. Zeitlich gesehen, schmust er öfter mit seinem Hund oder seiner Katze als mit den eigenen Artgenossen. Da wird geschlibbschlabbert und gekuscheltiert, was das Zeug hält, obwohl unsere vierfüßigen Hausgenossen zur Klasse der Säugetiere (sprich: Raubtiere) gehören und sich bereits vor zig Millionen Jahren von uns (sprich: den Affen) wegentwickelt haben. Wenn wir so weitermachen, wird unsere Art ernsthaft darunter zu leiden haben.

Da ist es schon ein Trost, dass es seit kurzem Gleichgesinnte gibt, die ebenfalls ihrer Art untreu werden. Die gute Nachricht kommt aus San Antonio, Texas, wo vor längerer Zeit zu wissenschaftlichen Zwecken eine Kolonie von 2000 Pavianen gegründet wurde. Im Gebüsch rund um das Gehege wimmelte es von halb wilden Katzen, die vom Menschen nichts mehr wissen wollten. Auf einmal passierte es: Eine halbwüchsige Katze schlüpfte durch eine kleine Öffnung im Gitter und stand im Gehege. Bis zu diesem Augenblick hatte dies noch keiner der kleinen Eindringlinge überlebt; sie waren alle von den Pavianen aufgefressen worden. Doch diesmal ergriff Pavian X 322 das Tier, drückte es liebevoll an seine Brust und flohte es. Die anderen Paviane zeigten sich sehr interessiert und wollten das Tier ebenfalls berühren. Aber nach einer Stunde hielten es die Wärter für besser, dem Spiel ein Ende zu bereiten. Das war gar nicht so einfach. Zuerst mussten alle Paviane aus dem Gehege gelockt und X 322 musste betäubt werden, bevor das Kätzchen in Sicherheit gebracht werden konnte. Sofort flüchtete es ins Gebüsch, kehrte aber regelmäßig zurück. Ein zweites Kätzchen, ein graues diesmal, kam ebenfalls aus freien Stücken und durfte zwei Monate bleiben. X 322 pflegte es, trug es mit sich herum und verteidigte es gegen die Menschen, kurz: X 322 hielt sich eine Katze. Dem Forschungsbericht lagen Fotos bei, die belegen, dass das Kätzchen die Behandlung des Pavians genoss. Leider kann ich Ihnen die Fotos hier nicht zeigen, doch wenn Sie sich einen Eindruck davon verschaffen wollen, wie bescheuert es aussieht, wenn ein Affe eine Katze knuddelt, dann brauchen Sie nur Ihre eigene Katze auf den Arm zu nehmen und sich vor den nächsten Spiegel zu stellen. Schauen Sie genau hin – und Sie haben die längste Zeit über Witze von Liebschaften zwischen Schildkröten und deutschen Stahlhelmen gelacht.

Das weiße Pferd

Pferde sind pädophil. Am liebsten mögen sie Mädchen im Alter von ungefähr dreizehn Jahren. Keiner streichelt zarter und striegelt besser. Nichts fühlt sich schöner an, als so ein kleiner Hintern auf dem breiten Rücken. Ein dreizehnjähriges Mädchen ist das Beste, was einem Pferd passieren kann.

Und die Mütter beobachten es mit zärtlichem Blick. In den verliebten Augen der Mädchen, in der kleinen Hand, die durch die Mähne fährt, dem leichten Klaps auf die Pferdeflanke erkennen sie eine Erotik, die den Mädchen noch unbekannt ist. Mütter wissen genau, warum Töchter so versessen auf Pferde sind: Pferde sind aus dem gleichen Material beschaffen wie echte Männer, herrlich sehnig und muskulös. Wüssten die Mädchen, was sie da tun, wäre jede Reitschule das reinste Bordell. Aber Mädchen wissen noch nicht viel. Bei ihnen bilden bedingungslose Liebe und vollendete Unschuld noch eine Einheit. Wenn ich pädophile Neigungen hätte, würde ich mich zum Pferd umbauen lassen.

Etwas zu tun, ohne zu wissen, was man tut, heißt Spiel. Fürs Doktorspielen zum Beispiel darf man keine Ahnung haben, was man gerade tut. Sobald man dahinter kommt, ist es vorbei mit dem Spiel, und es könnte rasch ein Wickelkurs daraus werden. Auch Tiere spielen so. Junge Füchse und Kälber schnüffeln und tasten und flirten, als müssten sie sich einspringen. Aber mit Sex hat das Ganze so wenig zu tun wie das Interesse von kleinen Jungs an ihrem Pimmel; dafür fehlen einfach noch die Hormone.

Um etwas richtig gut spielen zu können, braucht man nicht zu wissen, wofür es später mal taugen könnte. Raubtiere spielen als Kinder Räuber, ohne wirklich schon rauben zu wollen. Kleine Löwen üben das Anschleichen und Springen, nicht etwa weil sie Hunger haben, sondern aus reinem Spieltrieb. Und kleine Katzen ebenso. Mit scheinbarer Todesverachtung stürzen sie sich auf einen Wollknäuel. Dass das Spiel ist und kein Ernst, das merkt man vor allem an der Unermüdlichkeit, mit der sie diese Sache betreiben. Die Kinderjagd dauert so lange, wie der Spieltrieb anhält. Die Jagd der erwachsenen Tiere ist mit einem einzigen Sprung zu Ende. Ein Wolf stürzt sich kein zweites oder drittes Mal auf ein Schaf, aber zum Hund domestiziert bringt er den Stock immer wieder, nur damit er erneut geworfen wird. Das macht das Spiel mit einem Hund auch zu einer so aussichtslosen Angelegenheit.

Lehrreicher noch als das Spiel der Räuber ist das der Opfer. Kleine Antilopen spielen Fangen so gut wie die kleinen Löwen, nur unter umgekehrten Vorzeichen. Ihnen geht es nicht ums Jagen, sondern ums Gejagtwerden. Sie sind nicht Jäger, sondern Beute. Für Löwe wie Antilope aber ist der Sprung der Höhepunkt des Spiels, wenn auch aus einer anderen Perspektive. Wird eine Antilope später einmal wirklich von einem Löwen gepackt, dann weiß sie, was von ihr erwartet wird. So erlebt auch der Löwe keine plötzlichen Überraschungen.

Dadurch wird klar, warum Mädchen so ganz anders mit Pferden umgehen als Jungs. Sie spielen nicht wie Löwen, sondern wie Antilopen. Während die Jungs ihre Pferde reiten wie herrische Fürsten, striegeln die Mädchen ihr Pferd lieber sanft und vertrauen ihm dabei ihre ganzen Herzensgeheimnisse an. Mädchen mit Pferden nehmen nicht, sondern geben, sie sind nicht Meister, sondern Knecht, nicht Jäger, sondern Beute. Daher spielen sie diese Rolle im wirklichen Leben später auch so bravourös.

Noch aber ist es nicht so weit. Joyce, Linda oder Esther zeigen noch kein Interesse für den Prinzen auf dem weißen Pferd. Ihnen geht es vorerst allein um das weiße Pferd, der Prinz kann bleiben, wo der Pfeffer wächst. Kleine Mädchen sind doch nicht blöd.

Das Nilpferd

Heute lesen wir einige Verse aus dem Buch Hiob, Kapitel 40. Es handelt sich um die zweite Rede des Herrn aus dem Wettersturm.

Siehe da den Behemoth, den ich geschaffen habe wie auch dich! Er frisst Gras wie ein Rind. Siehe welch eine Kraft ist in seinen Lenden und welch eine Stärke in den Muskeln seines Bauchs! Sein Schwanz streckt sich wie eine Zeder; die Sehnen seiner Schenkel sind dicht geflochten. Seine Knochen sind wie eherne

Röhren, seine Gebeine wie eiserne Stäbe. Er ist das Erste der Werke Gottes; der ihn gemacht hat, gab ihm sein Schwert. Die Berge tragen Futter für ihn, und alle wilden Tiere spielen dort. Er liegt unter Lotosbüschen, im Rohr und im Schlamm verborgen. Lotosbüsche bedecken ihn mit Schatten, und die Bachweiden umgeben ihn.

An solch einer Beschreibung kann sich eine moderne Tierenzyklopädie nicht messen. Eine alte übrigens auch nicht, denn erst 1850 war in Westeuropa ein lebendes Nilpferd zu sehen, und zwar in London. Der Zoo von Paris folgte 1853, und Artis, der Amsterdamer Zoo, war 1860 der glückliche Dritte im Bunde. In einem speziell für sie gebauten »Hippopotamus-Railway« wurden Herman und Marguetta zu ihrer Amsterdamer Wohnstatt gebracht. Die Zeitungen berichteten ausführlich. »Auf einmal«, so hieß es im *Familie-Magazijn*, »taucht aus der geheimnisvollen Tiefe des Wassers ein missgestalteter Kopf auf, der in der Natur seinesgleichen sucht und nicht findet, es sei denn bei anderen Flusspferden. Aus Nasenlöchern und Maul stößt das Tier mit gewaltigem Schnaufen Luft aus, als verkörperte es die Urvorstellung einer Lokomotive. Dann saugt das Monster eine Portion Frischluft ein und verschwindet wieder unter dem über ihm zusammenströmenden Wasser. Dies sei das Weibchen gewesen, klärt uns der Wärter auf, für welchen Hinweis wir ihm außerordentlich dankbar sind, weil wir ohne ihn dieses Geschöpf wohl kaum dem schönen Geschlecht zugerechnet hätten.« So weit der treuherzige Reporter.

Trotz des stattlichen Preises von 12959,55 Gulden war die Anschaffung der Tiere kein Fehlkauf. Sie wurden zur Sensation des Tierparks. Außerdem halten Nilpferde lange: Bei Herman waren es vierundzwanzig Jahre, bei Marguetta sechsunddreißig. Und noch immer vergafft man sich im Zoo leicht in ein Nilpferd. Eigentlich in seine Feistigkeit. Die ist ganz anders als bei Elefanten. Ein Elefant ist groß, ein Nilpferd dick. Das kommt von all den Rundungen. An einem Nilpferd ist alles rund. Das verleiht den zwei bis drei Tonnen schweren Kolossen etwas Anrührendes. Bei dicken Menschen ist es nicht anders. Wer etwas erreichen will, beauftragt einen Dicken damit. Dick zu sein, bedeutet automatisch auch nett, ruhig, gut gelaunt und vertrauenswürdig zu sein. Die Helden in unseren Büchern sind zwar meistens rank und schlank, aber unser Herz gehört fast immer den Dicken: Winnie-Pu, Obelix, Falstaff, König Barbar und Sancho Pansa. Unseren Hund füttern wir so lange mit Keksen, bis die Pfoten nicht mehr unter den Körper passen, sondern seitlich wegstehen. So lieben wir unseren »Mockel«. Allen personifizierten Albträumen der *Weight Watchers* gehört unser Herz. Und zu Recht. Dicke sehen nicht nur nett aus, sie sind auch netter als Dünne. Das ist ein Naturgesetz.

Essen und Verdauung werden nun einmal vom parasympathischen Nervensystem gesteuert. Das ist das Nervensystem, das auch für unseren Ruhezustand verantwortlich ist. Es verlangsamt den Herzschlag, die Atmung und andere Unruheherde. Dafür regt es anderes an: die Esslust, die Darmbewegungen und den Geschlechtstrieb. Ein äußerst sympathisches Nervensystem also. Leider hat es auch ein Gegenstück. Jedes Organ besitzt außer parasympathischen Nerven auch orthosympathische. Diese bewirken nun genau das Gegenteil: Sie wollen mit aller Gewalt magere Manager mit Magengeschwüren aus uns machen. Manager mit etwas Verstand wissen aber, wie sie ihr nervöses Nervensystem ausschalten können: mit einem Geschäftsessen. Als hätte man eine Münze in einen Automaten geworfen, tritt beim Essen das Gemütlichkeitsnervensystem in Funktion, was wiederum der Atmosphäre der Geschäftsverhandlungen zugute kommt. Dicke brauchen so etwas nicht. Die machen es sich gleich am passenden Ort gemütlich. Wenn's geht unter schattigen Lotosbüschen, im Rohr und im Schlamm verborgen, wo Bachweiden sie umgeben.

Das Beuteltier

Landtiere mögen kein Wasser. Deshalb ist es auf Inseln auch immer so schön. Statt Hinz und Kunz trifft man dort eine exklusive Gesellschaft an, deren Mitglieder entweder hunderte von Kilometern auf einem Baumstamm zurückgelegt haben oder mit dem Wind angeschwebt kamen. Andere sind meilenweit per Anhalter von wieder anderen mitgenommen worden. Außerdem ist bekannt, dass dort, wo es keine Prolos und pausbäckige Prahlhanse gibt, Altes und Wertvolles mit größerer Wahrscheinlichkeit überdauert. Eine Insel ist schöner als die andere. Je älter und größer eine Insel ist und je mehr Wasser sie umgibt, desto irrer ist die Fauna.

Australien ist so eine alte und große, von viel Wasser umgebene Insel. Kein Wunder also, dass die Tiere dort auch zum Verrücktwerden irre sind. Säugetiere, wie wir sie kennen, kommen dort nicht vor, außer den Arten, die der Mensch eingeführt hat. Australische Säugetiere haben keinen Mutterkuchen, sondern einen Beutel. So schnell das Embryochen kann, kriecht es aus der mutterkuchenlosen Gebärmutter in den mit Saugwarzen ausgerüsteten Beutel. Dort verbringt es den größten Teil seiner weiteren Entwicklung.

Weil wir das von uns anders kennen, halten wir es für primitiv. Unserer Meinung nach gehört ein Junges so lange wie möglich in den sicheren Bauch seiner Mutter. Das ist aber kein Zuckerschlecken. Einen Embryo neun Monate inbäuchig zu halten, ist eine regelrechte Tortur. Trotz aller Blutsverwandtschaft besteht das eigene Kind zu immerhin fünfzig Prozent aus fremdem Gewebe – dem des Vaters. Fremdsein ist gleichbedeutend mit Feindlichsein. Um zu verhindern, dass der Embryo wie ein transplantiertes Herz abgestoßen wird, sind komplizierte physiologische Vorgänge nötig. Eine Glanzleistung von Mutter Natur.

Ein Beuteltier pfeift darauf – wenn auch mit dem gebotenen Respekt. Sein eigener Embryo ist längst raus aus dem Körper und drin im Beutel, bevor etwas schief gehen kann. Das nenne primitiv, wer will; ich halte es für sehr praktisch. Trotzdem galt es bis vor kurzem als primitiv. Als eines der Hauptargumente für diese Auffassung galt die Tatsache, dass sich die Beuteltiere nur in der sicheren Isolation Australiens entwickeln konnten. Außerhalb Australiens sind sie nur noch in Südamerika zu finden, wo sie die mickrigen Reste einer ehemals blühenden Fauna darstellen, die verwüstet wurde, als mutterkuchenlose, nordamerikanische Säugetiere über die neu entstandene Landbrücke von Panama einfielen und die Macht übernahmen. Doch in letzter Zeit regen sich Zweifel, ob wirklich nur der primitive Beutel an dieser Niederlage schuld ist. Denkbar wäre nämlich auch, dass die an ein ruhiges und mildes Klima gewöhnten südamerikanischen Tierarten den sturmerprobten und abgehärteten nordamerikanischen Arten unterlegen waren. Hätten nun die Beuteltiere ursprünglich in Nordamerika und die Mutterkuchensäuger in Südamerika gelebt, wäre das Spiel vermutlich ganz anders ausgegangen. Dann beherrschten heute vielleicht die Beuteltiere die Erde. Was allerdings eine arg weit reichende Konsequenz hätte: Dann wären auch wir Beuteltiere!

Das wäre zwar gewöhnungsbedürftig, hätte aber durchaus seinen Reiz. Stellen Sie sich mal vor, was für ein Segen das wäre! Man könnte alle Wiegen auf den Müllhaufen werfen und alle Kinderpsychiater auf den Mond schießen. Vom Gebären unter Schmerzen wäre keine Rede mehr, denn so einen Winzling spürt man gar nicht, wenn er rauskommt. Und auch für die Kinder hätte es nichts als Vorteile. Tanten trauten sich nicht, in Mutters Beutel zu lugen, geschweige denn ein idiotisches Tatatata hineinzututen. Ungestört lutschend verbrächte das Beutelbaby sein erstes Lebensjahr an Mutters warmem Bauch. Ohne diese Pinkelplempe um den Leib. Kurzum, es ist höchste Zeit für die Einführung eines Beutels aus Nylon.

Dann wäre auch die Sache mit den Abtreibungen nicht

mehr so problematisch. Einmal tief in die Tasche greifen würde genügen.

Das Gnu

Biologen glauben an die Vorbestimmung. Man wird, was man ist. Wird man als Raubtier geboren, dann zieht man vergnügt auf Raub aus. Ist man ein Beutetier, wird man eben Beute. Aber man weiß nie, wie der Hase läuft. Berücksichtigt man, dass jedes Raubtier zum Überleben zehn Beutetiere benötigt, muss es folglich zehnmal so viele Opfer wie Täter geben. Das ist auch der Grund für das große Elend auf Erden. Und doch scheint dieser Umstand die Beutetiere nicht im Mindestens zu beeindrucken. In Tierfilmen sieht man die Gnus in aller Ruhe grasen, obwohl sich ein Löwe in nächster Nähe aufhält. Schlägt der Löwe dann zu, stiebt die Herde kurz auseinander, aber nur, um ein Stückchen weiter in aller Seelenruhe weiterzugrasen, sich fett zu mästen für den Feind. Das ist ihre Rolle. Da stehen sie dann, diese Schlemihle! Wenn diese Tiere überhaupt einen Ausdruck im Gesicht haben, dann den der Gelassenheit.

Ich kenne diesen Blick. Fußgänger haben ihn auch. Obwohl links und rechts haarscharf Autos an ihnen vorbeisausen, hat die Fußgängerherde am Zebrastreifen einen Blick, so unbeirrt wie der von Forellen im Aquarium eines Fischrestaurants. Jeden Moment könnte eines dieser

Autos auf den Bürgersteig rasen, Bremsen könnten versagen, Kinder unvorsichtig sein, aber jeder hegt offensichtlich den Glauben, so etwas passiere grundsätzlich nur den anderen. Pah, lass sie ruhig lauern, die Gefahr, und sei's in den eigenen vier Wänden. Unterm Fußboden verlaufen Gasleitungen, die jeden Moment explodieren können, in den Wänden liegen Kurzschluss bereite Leitungen unterm Putz? Na, und? Steckdosen mit Löchlein, so klein wie Kinderfinger, wie gemacht für Kinderfingerlein winzig wie ein Steckdosenloch? Was soll's! Die meisten fühlen sich trotzdem sicher in ihrem Zuhause. So sicher wie ein Gnu in der Serengeti.

Es ist alles eine Frage der Gewöhnung. Den ersten Autos musste noch ein Mann mit roter Warnflagge vorausgehen. Ach, wäre dieses Gesetz doch niemals abgeschafft worden! Jetzt haben wir den Salat! Auch vor der Elektrizität hatten wir anfangs ganz schön Muffensausen. Als man das erste Stromnetz verlegte, gab es eine Reihe von Unfällen. Die Europäer haben daraufhin Sicherheitsvorkehrungen getroffen, die Amerikaner allerdings brachte das auf eine Idee. Zwischen der elektrischen Lampe und der elektrischen Zahnbürste erfanden sie mal rasch den elektrischen Stuhl. Die Regierung hatte endgültig die Schnauze voll von der Guillotine mit ihrem eklig-blutigen Abfall. Sie war der »Wesensart des amerikanischen Volkes ohnehin immer fremd gewesen«. Ließe sich das nicht elektrisch erledigen?

Thomas Alva Edison war von der Möglichkeit überzeugt, am Auftrag aber nicht interessiert. Wer würde schon Elektrizität von einer Firma beziehen wollen, die so leicht mit Tod und Verderb in Verbindung zu bringen war? Dafür ergriff er die Gelegenheit, der Konkurrenz ein Schnippchen zu schlagen. Edison lieferte Gleichstrom, während sein Konkurrent Westinghouse Wechselstrom produzierte. Also riet Edison der Regierung, sich doch besser für Wechselstrom zu entscheiden, weil Wechselstrom erst so richtig lebensgefährlich sei. Westinghouse tobte vor Wut. Aus lauter Angst, als Hoflieferant des Henkers in die Geschichte einzugehen, widersetzte er sich mit allen Mitteln der elektrischen Hinrichtung. Vergeblich. Im Jahre 1890 wurde William Kemmler siebzehn Sekunden lang unter Strom gesetzt. Wechselstrom. Zum Entsetzen aller Beteiligten fing er nach kurzer Zeit wieder an zu atmen. Also wurde der Schalter noch einmal betätigt und Kemmler buchstäblich zu Tode gegrillt. Eine feine Sache, dieser elektrische Strom.

Inzwischen sitzen dutzende zum Tode Verurteilter in ihren Todeszellen und warten auf die ihnen zugedachte Portion Elektrizität. Ihr Ausdruck ist gelassen. Aus dem Sterben besteht ja die Rolle eines zum Tode Verurteilten. Er ist, was aus ihm wird. Genau wie jeder andere Sterbliche auch.

Der Dschelada

Als Junge ging ich gerne in die Kirche. Das hatte einen guten Grund. Um in die Moses-und-Aaron-Kirche auf dem Waterlooplein in Amsterdam zu kommen, musste ich durch die Amstelstraße. Und in der Amstelstraße lag einer der ersten Pornoläden der Stadt. In seinem Schaufenster hingen Zeitschriften wie »Sonne und Leben«, die voller nackter Frauen waren. Allerdings waren die interessantesten Körperteile von einer braunen Packpapierbanderole verdeckt. Bei jedem Kirchgang inspizierte ich das Schaufenster in der Hoffnung, dass eine der Banderolen vielleicht herabgefallen sein könnte. Auf dem Hinweg sowieso, aber auf dem Rückweg zur Sicherheit noch einmal, weil nach der Messe die Chancen dafür einfach besser standen. Und wieso? Was glauben Sie denn, worum alle Jungs in der Kirche so inständig beteten?

Doch Gott hatte andere Dinge im Kopf. Meine Gebete jedenfalls wurden nicht erhört, was meine Neugier auf die weibliche Anatomie nicht verkleinerte. Bisher hatte ich noch nicht mal einen nackten Busen gesehen. Der meiner Mutter war ausschließlich für meinen Vater bestimmt, und meine ältere Schwester hielt ihren ebenfalls sorgfältig versteckt. Allerdings weniger aus Gründen der Keuschheit, sondern vielmehr aus dem Wunsch heraus, die wahren Ausmaße davon zu verheimlichen; Ende der Fünfzigerjahre stellte man in dieser Hinsicht große Ansprüche.

Also habe ich Biologie studiert. Auch das eine Enttäuschung auf der ganzen Linie. Bei den Biologiestudentinnen konnte man unter den Schlabberpullovern das Vorhandene nur erraten, und die Biologieprofessoren wollten uns weismachen, Frauenbrüste wären im Grunde nur Fettgewebe.

Wie merkwürdig Brüste tatsächlich waren, ging mir erst auf, als ich zum ersten Mal ein Paar vor mir hatte: Es wächst kein einziges Haar drauf. Frauen rasieren sich ja an den seltsamsten Körperstellen, nur da nicht. Haare wachsen eben nur auf den Brüsten von Menschen, die keine haben: von Männern. Das ist deshalb merkwürdig, weil alle menschlichen Organe, die mit Sex zu tun haben, in der Regel behaart sind, so wie es sich für ein Säugetier geziemt. Denn Säugetiere locken ihr anderes Geschlecht mit Gerüchen an, und an Haarbüscheln bleiben Gerüche nun mal am besten hängen. Logischerweise müssten sich die Leute auf der Straße oder bei einem Fest routinemäßig im Schoß oder unter den Achseln beschnüffeln. Dass wir das nicht tun, ist weniger auf unser Gefühl für Anstand zurückzuführen als vielmehr auf unser schlechtes Geruchsvermögen. Während ein Hund seine Nase unverhohlen unter den Schwanz einer Hündin presst, beobachtet sein Herrchen die Frauen im Park nur heimlich. Und damit dieser verstohlene Blick sein Ziel besser erreicht, besitzen Frauen Brüste, die wie Hintern aussehen. Brüste sind also Hintern, auf denen man nicht sitzen kann. Sie sind auch nicht zum Sitzen da, sondern zum Verlocken.

Übrigens sind wir nicht die einzige Affenart, deren Weibchen den Arsch vorn tragen. Auch bei den Dschelada-Pavianen haben die Weibchen ein Dekolleté aus nackter, rosafarbener Brusthaut, das sich in Zeichnung und

Farbe von den eigentlichen Geschlechtsorganen weiter unten am Körper nicht unterscheidet. Ob dies nun wirklich Absicht war, darüber lässt sich streiten, aber dass es funktioniert, ist eine Tatsache: Der Dschelada-Pavian ist so wenig vom Aussterben bedroht wie der Mensch.

Seit meinem Biologiestudium haben mich mittlerweile eine ganze Reihe von Brüsten mit den denkbar verschiedensten Formen und Ausmaßen verlockt, und ich kann bestätigen, dass es eine Sünde ist, ihren Anblick hinter braunen Pappbanderolen zu verstecken. Das passiert auch nicht mehr so oft. Heute kann sich jeder Jüngling Zeitschriften mit Titten von bisweilen Angst einjagendem Umfang selber kaufen. Das ist äußerst informativ. Aber es begünstigt auch den Verfall der Sitten. Abgesehen davon, dass dadurch das Interesse an den Kirchen schwindet.

Der Panda

Soll ein Kind einen Zug malen, malt es eine Dampflokomotive, und mit Sicherheit keinen ICE oder ein anderes modernes Zugmodell. Dabei kennen die kleinen Künstler Dampflokomotiven nur aus Kinderbüchern, die wiederum hartnäckig an diesem Uralt-Typ des öffentlichen Verkehrsmittels festhalten. Ein Erwachsener, der aufgefordert wird, ein Haus zu zeichnen, zeichnet auch keinen Plattenbau, sondern ein Hänsel-und-Gretel-Häuschen mit Regentonne. In Gedanken wohnen wir alle noch in Grimms

Märchen. Und jeder behauptet steif und fest, Pilze hätten einen roten Hut mit weißen Punkten. Das wird auch noch in hundert Jahren so sein, selbst wenn wir dann schon auf dem Mars wohnen.

Die Reklame macht von diesem menschlichen Starrsinn eifrig Gebrauch. Während die Bauern ihre Milch in rostfreien Stahltanks kühlen und Landwirtschaft mit dem Computer betreiben, setzt uns die Werbung noch immer die von den Genossenschaften geschmähten Milchkannen vor. Und alle Kühe lachen. Die Werbeleute wissen genau, was sie uns schuldig sind.

Doch die Zoos und der Naturschutz wissen das auch. Seit Jahren schon segeln sie unter der Flagge eines obskuren Tieres, das kaum einer leibhaftig zu Gesicht bekommen hat: dem Riesenpanda. In europäischen Zoos finden sich gerade mal ein Dutzend dieser seltenen Tiere. Dennoch kennt jedes Kind in Holland den Panda. Es weiß ja auch mehr über Zwerge als über Pygmäen. Ein Panda steht für alles, was lieb und nett ist. Ein Panda kann nie etwas falsch machen. Etwas, worauf ein Panda-Sticker klebt, muss mindestens so gut sein wie ein Gegenstand mit TÜV-Sicherheitssiegel. Im Zoo weist ein Panda-Emblem auf den Erläuterungstafeln unmissverständlich darauf hin, dass es schlimm steht um die betreffende Art. Auf diese Weise verpasst man wenigstens das Aussterben nicht. Manchmal hat man den Eindruck, ein Zoo bildet sich auf seine Panda-Embleme mordsmäßig was ein. Je mehr, desto besser. Dabei sollten sie sich schämen und täten besser daran, die Tiere weitab von den neugierigen Blicken des Publikums in aller Stille sterben zu lassen.

Das Panda-Symbol selbst ist ebenfalls nur schöner Schein. Hinter den freundlichen, großen Augenflecken verbergen sich nämlich hinterfotzige, gemeine Äuglein. So mancher Wärter hat sich vom lustigen Schnäuzlein täuschen lassen und ist blutig gebissen worden. Sitzt das Tier auf seinem dicken Hintern und frisst Bambus, ist es auch nicht niedlicher als eine Kuh, die stumpfsinnig wiederkäut. Mit dem einen Unterschied, dass wir Kühe öfter zu sehen bekommen. Bis jetzt wenigstens. Den Panda dagegen kennen wir kaum. Also ergänzt die Fantasie, was wir nicht wissen. Und was die Fantasie nicht schafft, leistet die Spielwaren- und Naturschutzindustrie. Das ist die Industrie, die sich so sehr der Delfine und der Seehunde angenommen hat. Auch dies liebe und geschundene Kreaturen. Mit ebenfalls sehr scharfen Zähnen.

Und trotzdem unterscheidet sich der Panda vom Rest der Tiere. Was ihn so außergewöhnlich macht ist die Tatsache, dass er sogar ohne die Mithilfe des Menschen sehr selten geworden ist. Er ist nicht wie eine Briefmarke mit den Jahren selten und einzigartig geworden, sondern war von Anfang an als begrenzte Auflage gedacht. Der Panda ist selten, ohne dass wir uns deshalb schuldig zu fühlen brauchen. Ein Grund mehr, viele, viele Panda-Sticker drucken zu lassen.

Der Pavian

Tieren kann man, genau wie Menschen, allerlei Kunststücke beibringen. Die Ergebnisse sind in jedem Zirkus zu bestaunen: Elefanten, die mit Messer und Gabel essen, und bekleidete Affen, die nach allen Regeln der Kunst bloßgestellt werden. Das ist lustig, nützt aber nicht viel. Es ist zwar eine reife Leistung, mit vier Pfoten durch einen brennenden Reifen zu springen, aber was es soll, weiß keiner so richtig. Dabei kann man Tieren so viel Nützliches beibringen. Vor allem Hunde drängen sich als ehrenamtliche Helfer geradezu auf. Es gibt Wachhunde, Blindenhunde, Warnhunde, Schoßhunde, Hütehunde, Rettungshunde und eine ganze Menge anderer Hunde mehr. Sehr viel mehr.

Doch mit anderen Tieren geht das auch. So setzte die kanadische Polizei in den Zwanzigerjahren keine Hunde ein, wenn Wasserleichen aufzuspüren waren, sondern Beißschildkröten. Diese Aasfresser sausten zielsicher auf den leckeren Happen zu, wobei die Beamten zusehen mussten, dass sie vor der Schildkröte bei der Leiche ankamen, um die sterblichen Überreste möglichst unversehrt bergen zu können.

Wer Kostbarkeiten zu sichern hat, setzt inzwischen statt Wachhunden oft Vogelspinnen und Piranhas ein. Die sind viel billiger im Unterhalt. Die Tarantel Rosie zum Beispiel bewacht ganz allein die Schaufensterauslage eines Juweliers und das zu einem Honorar von einer einzigen Maus pro Woche. Sogar Strauße lassen sich vielfältig einsetzen.

In Südafrika hüten sie Schafe oder erschrecken weniger hoch gewachsene Galgenvögel. Ein begeisterter Fußballer brachte vier Straußen bei, stocksteif stehen zu bleiben: Er benutzte sie als Torpfosten.

Die beliebtesten Arbeitnehmer im Tierreich aber sind die Affen, weil sie so ungewöhnlich viele Hände haben. Das hat man sich besonders in der Raumfahrt zunutze gemacht. Davor hatten die Affen natürlich schon längst bewiesen, dass sie ausgezeichnete Kokosnusspflücker sind. Von Baumwipfel zu Baumwipfel springend, suchten sie mit untrüglichem Instinkt die reifen Nüsse heraus. Andere Affen sitteten Babys oder wurden mit Handelsware zum Markt von Togo geschickt. Noch in den Fünfzigerjahren konnten die Affen von Kuala Lumpur ganz offiziell zu Gemeindebeamten bestallt werden. Sie assistierten dem Botaniker John Carter, für den sie in den Bäumen seltene Pflanzen sammelten. Neuerdings wird getestet, inwiefern Affen zur Pflege von Behinderten eingesetzt werden können. In Amerika öffnen Kapuzineräffchen gelähmten Menschen bereits Schlösser und Türen, sie reichen ihnen Haushaltsgegenstände und füttern ihre Herrchen oder Frauchen sogar mit dem Löffel.

Ganz neu ist diese Art des Einsatzes allerdings nicht. Der südafrikanische Weichenwärter Wylde, der zwei Holzbeine hatte, hielt sich bereits vor hundert Jahren einen Pavian: Jack. Jack hatte die Aufgabe, seinen Herrn im Rollstuhl von der Hütte zur Weiche zu schieben. Es dauerte nicht lange, und das Tier bediente die Weiche selbstständig. Angeblich gibt es in Pretoria auch heute noch einen Pavian, der genau diese Aufgabe verrichtet. Er verdient anderthalb Schilling pro Tag und am Samstagabend gibt's ein Bier.

Dabei ist die Bezahlung eigentlich überflüssig. Auch so arbeiten ständig Milliarden Tiere für uns. Ohne eine Gegenleistung zu erwarten, bestäuben sie Nutzpflanzen, räumen den Müll weg und halten, wo nötig, das Gras kurz. Dabei vollführen sie jede Menge Kunststücke. Das heißt, die ganze Natur ist ein Superzirkus, voller Glitzer und Glamour, Trapezkünstlern und Jongleuren, und der Mensch macht den Clown. Jeder andere Zirkus ist nur ein müder Abklatsch davon.

Zum Schluss eine Warnung an alle, die sich zwecks Energieersparnis einen Affen ins Haus holen wollen: Das Gesetz erlaubt es nicht, und das ist auch gut so. Weshalb, zeigt das Beispiel von Jack, unserem Weichenwärterpavian. Wenn er etwas angestellt hatte, rannte er rasch zum Stock, mit dem sein Herrchen ihm zur Strafe eins überzuziehen pflegte, und warf ihn weg. Aus sicherer Entfernung sah er dann grinsend zu, wie sich der Mann hilflos zeternd mit seinen Krücken abmühte. Das hielt nun Jack wiederum für ein lustiges Kunststückchen.

Der Auerochse

Männer lieben ihre Frauen. Aber mehr noch als ihre Frauen lieben Männer ihre Pferde. Das ist in jeder größeren Stadt zu beobachten. Überall stehen Denkmäler von Männern auf Pferden herum, nirgendwo sieht man das Denkmal eines Mannes mit seiner Frau.

Haustiere zählen also mehr als Hausfrauen. Von vielen Männern kennen wir den Namen ihres Pferdes, den ihrer Ehefrauen aber nicht. Wie hieß noch die Frau von Alexander dem Großen? Keine Ahnung, aber sein Pferd hieß Bucephalos. Don Quichote liebte seine Rosinante über alles und Lucky Luke hält es mit Jolly Jumper.

Was ist denn so außergewöhnlich an einem Pferd? Und warum sitzt keiner dieser Herren auf einem Esel? Immerhin sind Esel und Pferd ja nah verwandt, so nah, dass man sie problemlos miteinander kreuzen kann. Trotzdem würde sich ein gestandener Mann niemals auf einem Esel fotografieren lassen. Esel haben ihren eigenen Willen. Und so was mögen Männer nicht. Nein, dann doch lieber ein Pferd! Ein Pferd tut alles, was man von ihm verlangt, es zieht den Karren, vor den man es spannt, es rennt los, wenn es dazu aufgefordert wird – und sei es direkt auf das Mündungsfeuer von Maschinengewehren zu. Auf allen Eroberungszügen, egal ob beim Morden, Brandschatzen oder Witwenvergewaltigen, war das Pferd der treue Begleiter des Soldaten.

Ein Pferd ist kein Esel. Ein Pferd ist ein Zebra ohne Streifen. Auch Pferde und Zebras sind nah verwandt, obwohl das Pferd längst nicht so schön ist wie das Zebra. Dank der Streifen hat ein Zebrahintern eine weitaus schönere Form als ein Pferdehintern, das Zebra scheint sich auch höher aufbäumen zu können, und mit anmutigem Schwung tanzt seine Mähne. Ein Denkmal mit einem Zebra, das wär was! Aber so fügsam das Pferd ist, so unzähmbar ist das Zebra. Zebras kann man erschießen, man kann sie auch in einen Zoo sperren, aber zähmen, reiten gar? Nein!

Warum aber unterscheiden sich zwei so nah verwandte Wesen wie Pferd und Zebra in diesem Punkt so sehr? Weil Zähmbarkeit weder bei Tieren noch beim Menschen ein Familienkennzeichen ist. Man kann einen Indischen Elefanten leicht dazu bringen, mit Baumstämmen zu hantieren, aber Afrikanische Elefanten sind dafür zu schwer von Begriff. Dass man einen Hund so einfach zu seinem Sklaven macht, bedeutet noch lange nicht, dass einem dasselbe auch mit einem Schakal oder einer Hyäne gelänge. Betrachtet man die Liste der domestizierten Tiere, dann fällt auf, dass sie aus sämtlichen Nischen des Tierreichs stammen: Es gibt den Haushund, das Hausrind, die Haustaube und den Hausarzt.

Die größten Unterschiede finden sich beim Rind. Während vor hundert Jahren in Europa Millionen Kühe herumtrotteten, war ihr Vetter, der Wisent, so gut wie ausgerottet. Der Wisent war so widerspenstig und unberechenbar wie sein amerikanisches Pendant, der Bison. Inzwischen werden Wisente, ebenso wie die direkten Vorfahren unserer Kühe, die Auerochsen, wieder nachgezüchtet. Um der Natur willen, wie es heißt. Aber während Wisente hinter Maschendrahtzäunen gehalten werden müssen, dürfen die Nachfahren des Auerochsen sich frei unter den Menschen bewegen. Trotzdem sind sie den Züchtern, wiederum um der Natur willen, noch nicht zahm genug. In Groningen ist man intensiv damit beschäftigt, mithilfe von apathischen Schottischen Hochlandrindern den letzten Funken Wildheit aus den Heckschen Rindern zu züchten. In Kürze kann man mithilfe von Heckschen Stieren sogar das Gras kurz halten, ohne dass der in der Natur Erholung Suchende sich deshalb bedroht fühlen müsste. Wer echte Natur will, der soll halt nach Kenia fahren oder sich einen Tierfilm ansehen.

Es wird nicht mehr lange dauern und sämtliches Ur ist aus diesem Urrind, dem Auerochsen, verschwunden. Jetzt muss nur noch das Gift aus der Schlange, der Stachel aus der Stechmücke und das Brennen aus der Brennnessel herausgezüchtet werden, und die neue Natur ist perfekt. Ein Denkmal für den Esel, der das schafft!

Die Spanische Fliege

Blutsauger sind schnell satt. Das ist angenehm für ihren Wirt. Doch in Zeiten des Aderlasses war das den Ärzten ziemlich lästig. Es fand sich jedoch rasch eine Lösung. Kaum hatte der Arzt dem Patienten den Blutsauger angesetzt, schnitt er ihm den Hinterleib ab; den Kopf ließ er, wo er war. So saugten die Sauger in einem fort, ohne je den Bauch voll zu bekommen. So gemein wie sich das anhört, war das Ganze aber gar nicht, weil dem Blutsauger auf diese Weise nämlich ein großer Dienst erwiesen wurde. Befreit von Magen und allem Drum und Dran, erreichte er einen Zustand, nach dem Millionen Menschen vergeblich schmachten: den Zustand der Unersättlichkeit. Dank uns Menschen konnte der Egel unbegrenzt prassen.

Menschen sind im Allgemeinen ebenfalls schnell satt. Manches Bedürfnis ist schon befriedigt, bevor man sich dessen überhaupt bewusst wird. Für jeden, der das Essen liebt – und genug Nahrung zur Verfügung hat –, ist Hunger ein Segen von leider nur kurzer Dauer. Allzu schnell geben die Eingeweide das Signal: Voll! Nichts geht mehr! In der Kürze liegt die Würze. Wer zu viele alkoholische Köstlichkeiten zu sich nimmt, muss kotzen, wer zu viel schöne Literatur liest, bekommt dunkle Augenringe, und wer sich seiner Geliebten ein ganzes Leben lang erfreuen will, versandet im Ehehafen. Jeder von uns trägt in sich einen Brocken Verdruss, der dafür sorgt, dass unsere Bedürfnisse rasch befriedigt sind, damit wir ja nicht zu lange etwas davon haben. Dass es Orgien gibt, ist ein Gerücht. Der Mensch ist nicht für solche Dinge gemacht. Nicht einmal in der Liebe. Auch dem leidenschaftlichsten Liebhaber wird irgendwann einmal der falsche Körperteil steif.

Ist dagegen wirklich kein Kraut gewachsen? Wer unbedingt weiteressen will, soll sich eine Feder in den Rachen stecken, wer ohne Ende lieben will, greife zum Aphrodisiakum. Gemahlenes Nashorn ist als Liebestrank sehr beliebt, allerdings hat der World Wildlife Fund etwas dagegen einzuwenden. Dabei liegt die Lösung so nah, nämlich in Gelderland und in Limburg. Dort findet man auf blühenden Flieder- und Ligusterbüschen, auf jungen Eschen und sogar auf Ahorn und Pappeln die *Lytta vesicatoria*, auch »Spanische Fliege« genannt. Trotz des Namens handelt es sich nicht um eine Fliege, sondern um einen Käfer, genauer: um einen Ölkäfer. Man erkennt ihn leicht an den metallisch-grünen Deckflügeln und den gespaltenen Beinen, deren obere Hälfte dicker ist als die untere.

Dieser Käfer hat einen Stoff in sich, das Kantharidin, das Pornografen seit Jahrhunderten in Ekstase versetzt.

Fangen Sie einfach eine genügende Anzahl Käfer, ziehen ihnen die Deckflügel ab und trocknen diese in der Sonne. Stampfen Sie sie danach in einem Mörser fein, bevor Sie dann das Pulver mit Alkohol ansetzen und ohne Mühe den Wirkstoff extrahieren können. Diesen einzunehmen, ist allerdings nicht ratsam. Spanische Fliege hat eine verheerende Wirkung auf Nieren und Harnwege, ist also nur für fortgeschrittene Masochisten geeignet. Ähnliches gilt übrigens für sämtliche Aphrodisiaka, die im Handel sind: Man kann sich glücklich schätzen, wenn sie keinerlei Wirkung zeitigen. Die einzigen Stoffe, die die Libido zu erhöhen vermögen, sind die Geschlechtshormone, und die hat man, oder man hat sie nicht.

Zum Glück lässt sich anhand einiger äußerer Merkmale deutlich erkennen, ob ein Mann viel oder wenig davon hat. Zum einen an den bekannten Unterschieden zwischen Mann und Frau. Frauen werden selten kahl, Männer dagegen häufig. Tatsächlich ist Kahlheit ein Zeichen für eine ordentliche Portion Geschlechtshormone. Des Weiteren sollte man auf die Stimme achten. Je tiefer eine Stimme, desto länger die Stimmbänder, und je länger die Stimmbänder, desto mehr Hormone waren während der Pubertät und des Stimmbruchs im Kehlkopf aktiv. Lassen Sie die Spanische Fliege Fliege sein, meine Damen, und achten Sie in Zukunft verstärkt auf Baritone mit sich ausbreitender Glatze.

Der Tasmanische Tiger

Zu den merkwürdigsten Erfahrungen, die ich kenne, gehört es, sich zu blamieren. Erst neulich ist es mir wieder passiert. Da fragt mich doch jemand, ob bei Kängurus denn auch die Männchen einen Beutel hätten. Mit dem gönnerhaften Lächeln des Fachmanns blätterte ich in meinem Gedächtnis unter K für Känguru und W für Wissenswertes nach. Aber, o Schreck! Ich fand nichts. Mehr als ein Stammeln brachte ich nicht zuwege. Und so was nennt sich dann Biologe! Weiß nicht einmal, ob Kängurumännchen einen Beutel haben oder nicht. Ich machte einmal mehr die merkwürdigste Erfahrung, die ich kenne.

Warum weiß ich so etwas Einfaches nicht? Das allerdings weiß ich nun wieder. Weil man in den Büchern nie ein Kängurumännchen abgebildet sieht. Bei einem Känguru denkt man unwillkürlich an eine Mutter, bei der ein kleines Kinderköpfchen aus dem Beutel guckt. Auch in Filmen sieht man Kängurus immer nur auf diese allerkängurulichste Art. Sogar bei Pu dem Bär gibt es nur Känga mit ihrem Baby Klein Ru; von Papa Känguru ist weit und breit nichts zu sehen.

Jedem Tier entspricht in unserer Vorstellung ein bestimmtes Bild. Ein Pfau hat immer einen prachtvollen Fächerschwanz, eine Amsel ist immer schwarz. Auch bei Löwen zählt nur die Mähne. Ein Löwe in einem Wappen oder auf einem Päckchen Tabak muss eine Mähne haben, das geht nicht anders. Ein Rind hingegen zeichnen Kinder durchweg mit einem Euter. Es ist also ein weibliches

Rind, eine Kuh: Nur Kühe haben Euter. Aber wie ist das mit den Brustwarzen? Hat ein Stier keine Brustwarzen? Sind Sie sich ganz sicher? Nicht mal ganz kleine? Warum sollte ein Mann keine Brustwarzen haben dürfen? Ich habe ja selber zwei.

Wenn es von jeder Tierart eine Normvorstellung gibt, muss es auch vom Menschen eine Normvorstellung geben. Bitten Sie jemanden, einen Menschen zu zeichnen, und er wird immer einen gesunden Erwachsenen mit zwei Beinen und offenen Augen zeichnen. Niemals hätte ein gezeichneter Mensch ein Holzbein, niemals würde jemand ein krankes Baby oder einen Indianer im Tiefschlaf zur Darstellung wählen. Hat man in einem Tierbuch jemals die Abbildung eines invaliden Bären oder eines zu früh geborenen Eichhörnchens gesehen? Aber das ist nicht nur beim Zeichnen so. Betrachtet man die Normmaße für Stühle und Garderoben oder für die Portionen von Restaurantessen vor sich auf dem Teller, dann müssen auch Möbelmacher und Köche der Meinung sein, es existiere nur eine Sorte Mensch, von nur einem einzigen Maß. Scheren und Büchsenöffner lassen ja auch darauf schließen, dass es unter den Menschen nur Rechtshänder gibt, und Pissoirs lassen die Möglichkeit der Existenz von weiblichen Wesen erst gar nicht aufkommen.

Meinetwegen. Aber wie ist das nun mit den Kängurubeuteln? Haben die Männchen einen oder nicht? Die Antwort lautet: »Manchmal!« Es gibt nämlich eine Beuteltierart, bei der haben auch die Männchen einen: der Tasmanische Tiger. Aber ein Kindlein findet sich nie darin. Dafür ein Pimmel. »Vermutlich«, so sagt mein Tierlexikon,

»vermutlich dient der Beutel dazu, bei raschen Bewegungen das Herumschlingern des Skrotums zu verhindern.« Der Rest der Beutelmänner allerdings muss ohne Beutel auskommen. Merkwürdigerweise verfügen sie dennoch über zwei Beutelknochen. Bei den Weibchen dienen diese zum Stützen der lebendigen Kinderwiege. Aber was sollen Männchen damit? Wahrscheinlich nichts. So etwas kommt in der Natur öfter vor. Auch beim Menschen ist die Bauchwand von Mann und Frau gleich beschaffen, wenn auch ohne Knochen. Das gibt der schwangeren Frau die Möglichkeit, so richtig kugelrund zu werden. Mangels Bauchrippen können aber auch die Männer kugelrund werden. Manch einer kommt im mittleren Alter wie hochschwanger daher. Für Ehefrauen oft ein Anlass zum Kichern, wenn sie sich ihren Angetrauten in Umstandskleidern vorstellen. Die Rache der Männer allerdings ist längst erfolgt. Sieht man doch tagtäglich Frauen in Hosen mit einem reichlich überflüssigen Hosenschlitz.

Der Klammeraffe

Gegen die Auffassung, der Mensch stamme vom Affen ab, gibt es ein gutes Argument: Höhenangst. Während Affen unbekümmert in den Bäumen herumklettern, klopft dem Menschen das Herz oft schon bis zum Hals, wenn er nur auf einen Küchenschemel steigt. Jeder Mensch leidet unter Höhenangst, der eine kann sie nur besser unterdrücken als der andere. Auch ein eingefleischter Fensterputzer fühlt sich erst wieder wohl, wenn ihm die Druckorgane seiner Fußsohlen signalisieren, dass der Kontakt mit dem Erdboden wieder hergestellt ist. Eigentlich ein Armutszeugnis für eine Tierart, die behauptet, mehrere Millionen Jahre in den Bäumen gelebt zu haben.

Ein Affe mit Höhenangst ist so paradox wie ein vegetarisch lebender Tiger, ein ehrlicher Politiker oder ein höflicher Autofahrer. Im Gegenteil, ein gesunder Affe leidet unter Bodenangst und flüchtet beim geringsten Anzeichen von Gefahr in die Höhe. Weshalb aber verwandelte sich diese äffische Tiefenangst beim Menschen in eine so tief verwurzelte Höhenangst? Das kann man in jedem Zoo beobachten. Und zwar im Affenhaus. Sehen Sie dort doch mal eine Weile den Rhesusäffchen, den Bärenmakaken, den Löwenäffchen, den Marmosetten, den Gibbons, den Klammeraffen und wie sie alle heißen mögen zu.

Fällt Ihnen etwas auf? Richtig, die Tiere sind so klein. 99 Prozent aller Affen sind deutlich kleiner als der Mensch. Ein Mensch hat Höhenangst, weil er zu groß ist. Und zu schwer. Er kann es sich nicht erlauben, vom Baum zu fallen. Fällt er, wird er von der Erde angezogen, und zwar mit einer Geschwindigkeit von zehn Metern pro Sekunde. Nach fünf Metern freiem Fall rast er mit einem Tempo von 35 Stundenkilometern auf den Boden zu, das heißt, er prallt mit der gleichen Geschwindigkeit auf wie ein Motorradfahrer gegen eine Betonwand, aber ohne Helm. Nach zwanzig Metern hätte er eine Geschwindigkeit von 70 Stundenkilometern erreicht, und einen Menschen, der aus einem 50 Meter hohen Baum fällt, könnte man leicht wegen Geschwindigkeitsüberschreitung drankriegen; allerdings wäre dann nicht mehr genug von ihm übrig, um Handschellen anlegen zu können.

Im Prinzip gilt für einen kleinen Affen dasselbe. Alle Gegenstände, ob leicht oder schwer, fallen gleich schnell. Nur der Aufprall ist bei einem schweren Gegenstand heftiger. Ein kleiner Affe, der vom Baum donnert, schüttelt – unten angekommen – nur verblüfft das Köpfchen und schwingt sich dann rasch wieder hinauf in den sicheren Baum; ein Mensch dagegen bricht sich manchmal schon beim ebenerdigen Stolpern das Genick. Fiele ein Pferd vom Baum, platzte es unten einfach auseinander. Deshalb trifft man auch höchst selten Pferde in Bäumen an.

Abgesehen davon, klettert es sich mit Hufen nicht so angenehm. Der Mensch hat ein ähnliches Handicap. Schließlich blieben ihm von den vier Händen der Affen nur noch zwei. Die Finger an unseren Füßen sehen aus, als hätten Ratten daran genagt. Deshalb ist schon das schuhlose Gehen auf dem Boden eine unbequeme Sache, von dem in den Bäumen ganz zu schweigen. Aus diesem Grund haben wir, im Gegensatz zum Orang-Utan, der sein ebenfalls beträchtliches Gewicht vierhändig durch die Äste wuchtet, das Leben in den Bäumen aufgegeben. Das ist schade. Stellen Sie sich vor, wir könnten immer noch wie die Affen in den Bäumen herumklettern. Dann träte man sich an schönen Sommertagen auf den Wanderwegen im Wald auch nicht so auf die Füße.

Warum aber sind wir nur so schwer geworden? Weil wir derart vernünftig sind. Unser großes Gehirn braucht einen großen Kopf und einen großen Körper, der es tragen kann. Ein Kilo Gehirn erfordert ein Untergestell von 50 Kilo. Dank unserer Intelligenz würden wir kopflastig aus der erstbesten Eiche fallen. So was gibt einem schon zu denken.

Der Pascha

Eines meiner Lieblingsspiele als Kind war: Professorsein. Ich hatte in meinem Kinderzimmer ein richtiges Labor aufgebaut: einen Dreifuß mit Brenner, zahllose Reagenzgläser, die Urinflasche eines verstorbenen Onkels und dutzende von Gläsern voller Chemikalien. Allerdings führte ich nur selten ein Experiment durch, weil mir die Sachen zu schade dafür waren. Stattdessen stolzierte ich in meinem weißen Kittel (den mir ein Metzger geschenkt hatte) im Zimmer herum, klebte Totenkopfetiketten auf die Gläser und weidete mich an dem Anblick. Später auf der Universität bestätigte sich diese meine Vorahnung: Beim Professorsein tut man nur so, man ist es nicht.

Andere Jungs haben andere Träume. Die sind wahrscheinlich auch schön, jedenfalls solange es Träume bleiben. Fragen Sie doch mal bei Gelegenheit einen Lokomotivführer oder einen Feuerwehrmann, ob er wirklich so glücklich darüber ist, dass sich ausgerechnet sein Kindheitstraum bewahrheitet hat.

Als Kinder spielten wir auch gerne das Papa-und-Mama-Spiel. Stundenlang. Manchmal treffe ich noch heute frühere

Spielgefährtinnen auf der Straße. Die meisten von ihnen sind inzwischen dahinter gekommen, dass das Papa-und-Mama-Spielen viel lustiger war als die Wirklichkeit später. Dabei hätten sie das schon im Biologieunterricht lernen können, wenn sie nur aufgepasst hätten. Im Grunde sind Tiere nämlich gar nicht auf Elternschaft aus. Es ist nicht ihr Anliegen, die Art zu erhalten, sondern das von Mutter Natur. Läge es an den Tieren selbst, führten sie ewig ein lustiges Junggesellenleben. Und was tun Junggesellen am liebsten? Richtig geraten! Dieses und jenes! Aber doch vor allem jenes, und davon wird man mit der Zeit von selber Mama oder Papa. Mit Speck fängt man Mäuse.

Wo man was reinsteckt, kommt nach einer gewissen Zeit auch wieder etwas heraus. Das wissen wir Menschen, auch wenn viele es vergessen zu haben scheinen. Tiere aber haben keine Ahnung, dass zwischen Paaren und Gebären ein Zusammenhang besteht. Und oft kommen sie gar nicht dazu, irgendwo etwas reinzustecken. Wer sich als Affe oder Hirsch mit einem Weibchen paaren möchte, muss zuerst Oberaffe und Oberhirsch werden. Das kostet enorm viel Kraft, und das Tier muss schon beizeiten damit anfangen. Endlich oben angekommen, sind manche Männchen so fertig, dass sie gar nicht dazu fähig sind, ihr Privileg auszuüben.

Menschliche Hierarchien sind denen der Affen ganz ähnlich. Klüngelei und Ellbogengeschubse an der Spitze der gesellschaftlichen Leiter unterscheiden sich in nichts vom Gekreisch und Brustgetrommel auf einem Affenfelsen. Der Unterschied liegt allein in der Art der Belohnung. Ein Affe will nach oben, weil es dort mehr Fressen und

Weiber gibt, aber was will ein Mensch dort? Dem Chef schmeckt sein Essen nicht besser als der Sekretärin das ihre – im Gegenteil, die dauernden Geschäftsessen hängen ihm zum Hals heraus –, und über sein Sexualleben lässt sich mit ziemlicher Sicherheit eines sagen: Es ist weniger abwechslungsreich als das seines kleinsten Angestellten. Das Einzige, was der oberste Chef noch täglich irgendwo reinsteckt, ist die Nase in die Angelegenheiten seiner Untergebenen, und er versteift sich kaum noch auf etwas außer auf Zielsetzungen und Ausgangspunkte. Sich nach Scheichart mit vierzig Frauen zu schmücken, hat deshalb überhaupt keinen Sinn. Das wissen die Chefs in unseren Breitengraden genau und haben deshalb aus Neid allen anderen Männern den Besitz von mehr als einer Frau untersagt.

Ein Chef befriedigt nur eines: seinen Ehrgeiz. Was ursprünglich ein Mittel war – Chef spielen –, wurde zum Selbstzweck. Seine Angestellten fügen sich auffallend willig in ihr Schicksal. Kein Wunder, sie haben ganz andere Dinge im Kopf.

Der Igel

Fortbewegung nötigt Respekt ab. Das wird dem Menschen von klein auf eingebläut. Noch bevor unsere Kinder sauber sind, lernen sie unter ermunterndem Zurufen das Laufen. Kurze Zeit später werden sie samt Windel und allem auf ein Dreirad gesetzt. Von jetzt an bekommen zumindest die Jungen fast nur noch Spielzeugautos und elektrische Eisenbahnen geschenkt. Danach kommen der Schwimmunterricht, das erste richtige Fahrrad und Ausflüge zum Flughafen, um den Flugzeugen beim Starten und Landen zuzusehen. Kein Wunder, dass so ein Kind mit sechzehn nur einen einzigen Wunsch hat: ein Mofa. Und mit achtzehn ebenfalls nur einen einzigen, wenn auch einen anderen, mit vier Rädern. Daran ändert sich nichts mehr. Man unterhält sich über Autos, blättert das Kursbuch durch, giert nach Autobahnkreuzen, bildet ständig Staus. Das füllt unser Leben aus bis zum Letzten, bis zum tödlichen Unfall. Nein, es gibt keine bessere Bewegung als die Fortbewegung.

Nicht ganz neidlos werfen wir einen Blick ins Tierreich. Dort kennt man sich in dieser Sache blendend aus. Da wird geflogen und gerannt mit der Geschwindigkeit eines Autos, und das alles ohne Auto. Unsere Bewunderung wächst schier ins Grenzenlose, wenn der Vogelzug beginnt. Schwalben mit einem Hin- und Rückticket nach Afrika, Fitisse von wenigen Gramm, die dreitausend Kilometer zurücklegen; sogar Schmetterlinge scheinen für ein bisschen Sonnenwärme eine Reise von mehreren hundert Kilometern in Kauf zu nehmen. Wir dagegen bleiben zähneklappernd zurück. Hätten wir doch nur auch das Zeug dazu!

Doch unsere Bewunderung ist völlig fehl am Platz. Der Winter ist für alle ein Problem, für den Menschen nicht weniger als für das Tier. Und sich davonzumachen ist nicht gerade die eleganteste Lösung. Es geht viel einfacher. Zugvögel sind Angeber. Die beste Lösung für das Problem mit dem Winter liegt nicht in der Luft, sondern zu unseren Füßen. Bei den Igeln.

Igel sind nicht so dumm, nach Afrika zu gehen. Sie wissen genau, dass sich die Sache mit dem Winter von selber erledigt. Man muss nur Geduld haben. Und deshalb halten Igel einen Winterschlaf. So entgehen sie Hunger und Kälte. Seinen Stoffwechsel schraubt der Igel so weit herunter, dass er den ganzen Winter von seinem Fettvorrat zehren kann. Während die Schwalben und Fitisse auf dem Vogelzug Gefahren wie Sturm, Erschöpfung und Fressfeinden trotzen müssen, liegt der Igel warm und sicher im Schlaf. Und was für ein Schlaf! Anders als beim normalen Schlaf reagiert ein Igel nämlich noch auf äußere Reize. Er weiß ganz gut, was los ist. Schlafen und wissen, dass man schläft, das ist der höchste aller Genüsse.

Ach, wären wir doch auch so klug! Stellen Sie sich das mal vor: mit dem ersten Herbststurm ab in die Heia und erst mit der Frühlingssonne wieder raus! Kein Nasswerden im Herbstgebraus, kein muffiger Fernsehabend, während die Heizung auf Hochtouren läuft, kein Freikratzen von Autofenstern. Aber auch keine Winterfreuden. Was soll's, dann laufen wir eben im Sommer auf der Kunsteisbahn Schlittschuh.

Und was man an Energie sparen könnte! Solange wir schlafen, können sich die Araber ihr Öl sonstwohin stecken. Schlafend werden wir reich und auch noch schön, denn im Winterschlaf zehrt man vom Körperfett, es schmilzt weg wie Schnee an der Sonne. Und weil man nichts essen kann, während man schläft, ist Schlafen die beste Abmagerungskur. Wunderbar schlank erwacht man im Frühling und fühlt sich, als könnte man Bäume ausreißen.

Leider bleibt das ein schöner Traum, denn dafür hätte es eines besseren Körpers bedurft. Unser Körper ist ein veraltetes Modell, er verfügt nur über eine einzige, unveränderliche Körpertemperatur: 37° C. Ein Igel hat zwei Temperaturen, eine für den Winter und eine für den Sommer. Er braucht nur einen Schalter umzulegen, und sein Körper arbeitet mit halber Kraft: Er schläft. Wir dagegen, wir rasen weiter, den ganzen Winter durch. Der Igel hört das zwar, aber es ist ihm egal. Er lächelt über so viel Dummheit und dreht sich auf die andere Seite. Noch fünf Monate schlafen.

Der Gläubige

Die Giraffe erkennt man an ihrem langen Hals, die Drossel an ihrem hübschen Gesang, den Floh an seinem Biss und den Menschen, den erkennt man an seinem Gottesglauben. Religion ist das auffälligste Kennzeichen unserer Art. Gott gehört zum Menschen wie das Euter zur Kuh. Es wird nicht mehr lange dauern, und man wird das Gen für den Glauben gefunden haben. Überall, wo man in die Nähe von Menschen kommt, trifft man auf ihre Kirchen. Neben jeder Kneipe ist auch eine Kirche zu finden. Und neben der Kirche liegt deren Daseinsgrund: der Kirchhof.

Kirche und Hof gehören eng zusammen. Die Messe soll uns mit dem Tod versöhnen. Deshalb auch das ganze Theater mit den Leichen. Kaum ist die Seele gewichen, müssen die sterblichen Überreste gewaschen, begraben, verbrannt, beweint, in den Sarg gelegt, herumgetragen und verabschiedet werden. Eine traurige Pflicht, die aber eher von großer Frömmigkeit als von biologischem Verständnis zeugt. Denn was dort im Sarg liegt, ist nur ein Bruchteil der sterblichen Überreste. Genauso gut könnte man auch nur die Nase oder den linken Fuß beerdigen.

Würde man im Fall des Todes meine gesamten sterblichen Überreste begraben wollen, wäre der ganze Friedhof nicht groß genug. Ich habe in meinem Leben Überreste angesammelt, die gereichten jedem Wal zur Ehre. Einen ganzen Wagon voller Kartoffeln und Brot, weit mehr als nur eine Kuh samt Kalb, ein ganzes Pferd mindestens halb und zahllose Flaschen Schnaps habe ich in meinem Körper umgesetzt. Tonnen von Fleisch und Blut haben im Laufe der Jahre meinen Namen tragen dürfen. Aus den sterblichen Überresten meiner Person könnte man gut hundert Midasse fertigen. Dass ich dennoch nicht wie ein Wal aussehe, ist nur darauf zurückzuführen, dass ich mich fast so schnell abgebaut wie aufgebaut habe. Den größten Teil von mir habe ich schon längst ausgepinkelt, ausgeschissen und ausgeatmet, und das alles hat sich seither über die Städte, Länder und Flüsse verteilt, auf der Suche nach einem neuen Chef. Was einstmals der Erde überantwortet werden wird, ist weniger als ein Prozent dessen, was ich je gewesen bin. Es ist zwar furchtbar nett von meinen Hinterbliebenen, dass sie diesem Rest die letzte

Ehre erweisen wollen, aber warum war ihnen der Tod der restlichen 99 Prozent so schnurzpiepegal?

In meinem Alter ist der größte Teil der sterblichen Überreste schon hopsgegangen. Schön ist das nicht, und trotzdem verschlampe ich manchmal in voller Absicht einen Teil davon. Wenn ich auf Diät bin zum Beispiel. Als machte sich mein Körper nicht schon schnell genug selber in Richtung Jenseits auf die Socken, schicke ich meinen Bauch schon mal voraus. Durch verbissenes Hungern verheize ich ihn in seinen eigenen Eingeweiden zu Gas. Mit zahlreichen wohlgesetzten Atemzügen bringe ich mein Bäuchlein in eine Umlaufbahn um die Erde. Ade, mein Bauch! Stolz schaue ich in den Spiegel. Ich habe mir den Bauch amputiert. Ohne die Hände zu gebrauchen!

Stolz zu sein auf eine Amputation – die Welt ist schon merkwürdig. Eine Frau würde sich nur im äußersten Notfall ihre Brüste abnehmen lassen. Weil sie fürchtet, dass mit ihren Brüsten auch ein Teil ihrer Weiblichkeit verloren geht. Warum aber entledigt sich ein Mann so einfach seines Bauches? Gibt es denn überhaupt etwas Männlicheres als diese runde Kugel, die manchmal prall zufrieden aussieht und dann wieder dem Schlappsack so ähnelt, dem sie gehört, die aber immer munter klingt, wenn man nach dem Essen zärtlich auf ihre Rundung trommelt. Den Mann erkennt man an seinem Bäuchlein, so wie man die Frau an ihren Brüsten erkennt und den Menschen im Allgemeinen an seinem Gottesglauben. (Und am unerschütterlichen Glauben an den Erfolg seiner Diät.)

Das Eichhörnchen

Lieben Sie die Natur? Dann sehen Sie fern. Im Fernsehen gibt es immer wunderbare Naturfilme zu sehen. Kaum ist die Titelmelodie verklungen, hat schon der erste Adler eine Antilope am Wickel. Leidenschaftlich hackt dieser gerade auf den blutigen Kadaver ein, als eine Bärenfamilie auftaucht. Eine warme Stimme erläutert geduldig, dass es sich bei diesen Bären um Braunbären handle, und zählt die Merkmale auf, woran sie zu erkennen seien. Die Stimme erklärt weiter, dass die Bären sich auf dem Weg zum Fischfang befänden. Und tatsächlich kann man in der folgenden Einstellung beobachten, wie die Tiere einen Lachs nach dem anderen aus dem Wasser ans Ufer schleudern. Und so geht es weiter: Da paaren sich Nilpferde und präsentieren im nächsten Moment den Nachwuchs, haarige Spinnen spannen ihr Netz auf, um eine Sekunde später eine seltene Fledermaus darin zu fangen, worauf die warme Stimme bestätigt, was wir schon die ganze Zeit vermutet haben, nämlich dass es mit all dem durchaus seine Richtigkeit habe, schließlich erfordere es das Gleichgewicht der Natur. Sie kennen doch das alte Lied: Die Natur ist grausam, aber ach so schön, so schön!

Nehmen wir an, der darauf folgende Tag ist ein Sonntag. Angeregt von den Naturfilmen, wollen Papa, Mama und die Kinder ebendiese Natur aufsuchen. Man weiß noch nicht genau, wohin man fahren will, aber irgendwo muss die Natur doch sein, schließlich gibt es einen Naturschutzbund, und der will ja was zum Schützen haben. Ein

Ausflugslokal beweist, dass man nicht mehr allzu weit davon entfernt sein kann. Ein Schild lässt kurz danach keinen Zweifel mehr: Volltreffer! Ein Naturreservat. Mensch Meier, haben wir ein Glück!

Doch die Enttäuschung ist groß. Man sieht weder einen Adler noch eine Bärenfamilie – sind wohl alle vom Fernsehen wegengagiert. Nur Hunde in Massen und Vögel, aber die gibt es zu Hause ja auch. Die Pflanzenwelt ist, verglichen mit Omas Balkongeranien, kaum der Rede wert. Als man im Ausflugslokal Kaffee und Kuchen verzehrt, ist die Stimmung am Nullpunkt angelangt. Man wusste zwar, dass viele Arten vom Aussterben bedroht sind, aber dass es schon so schlimm ist… Die Natur muss irgendwo anders sein, weiter weg, nicht vor der Haustür, das ist inzwischen klar geworden. Wie weit weg, dazu müssen wir heute Abend genauer hinschauen, im Fernsehen.

Zerrissen vom Widerspruch zwischen den Natursoaps im Fernsehen und der didaktischen Erscheinungsart von Mutter Natur in hiesigen Gefilden, sind Fernsehzuschauer eine leichte Beute für Betreiber von Safariparks. Hier lockert man die Eintönigkeit einheimischer Buchenwälder mit Löwen und Giraffen auf, danach sieht alles schon viel besser aus. Auf einen Löwen mehr oder weniger kommt es dabei nicht an, die Viecher kriegt man für einen Apfel und ein Ei, seit die Zoos nicht mehr wissen, wohin mit dem vielen Löwennachwuchs. Wie gut, dass die Safariparks immer Verwendung für Löwen haben. Steifbeinig staksen sie durch den Buchenwald und warten aufs Fressen. Das bekommen sie nur in kleinen Portionen zugeteilt, schließlich will man nicht, dass die Attraktionen sich schon vor der Öffnung der

Parks auf die faule Haut legen. Auch die Giraffe ist keine Attrappe und löst sich behäbig aus der Kulisse. Dumpf blicken Mensch und Tier sich an. Was kann die Giraffe schon dafür, dass man bei ihrem Anblick in nördlichen Breitengraden immer an einen Elefanten im Mietshaus denken muss oder an eine rotbunte Kuh am Amazonas, einen Goldfisch in einer Voliere oder ein älteres Fräulein an einer Bassgitarre. Der Löwe gähnt.

Der Ausgang lockt. Da erscheint im Baumwipfel ein Eichhörnchen. Man stelle sich vor, ein Eichhörnchen! Ein Trostpflaster für alle, die vor lauter Wald das Getier nicht sehen. Putzig reckt das Kerlchen seinen plüschigen Schwanz, das einzige Merkmal, wodurch es sich von einem Gruselnager wie der Ratte unterscheidet. Die Wirkung bleibt nie aus. Papa, Mama und die Kinder jubeln im Chor und deuten auf das Eichhörnchen. Vergessen sind die Secondhandlöwen und die mottenlöchrigen Giraffen. Ausgebootet von einem heimischen Kleinkünstler.

Lieblinge

Arie

Arie ist tot. Er war erst fünfzehn. Etwas stimmte mit seinen Nieren nicht, oder so. Am Ende wog er keine zwei Kilo mehr.

Aries Tod ist eine schlimme Sache. Ich bin zwar ein erklärter Katzenliebhaber, aber vor allem bin ich ein Arieliebhaber. Arie war die Katze der Katzen. Im Katzenmetier war er einsame Spitze. Arie wusste genau, was er tun musste, um schön oder klug zu erscheinen. Nicht, dass er den Kühlschrank öffnen konnte, beileibe nicht; solchen Kunststückchen konnte er nichts abgewinnen. Zum Kühlschranköffnen hatte er ja schließlich uns. Ohne viel Tamtam erreichte er stets sein Ziel, und klappte es mal nicht, dann hatte er mit Sicherheit etwas anderes im Sinn gehabt.

Arie liebte die Publizität. Kaum hatten Fotografen und Filmleute ihre Gerätschaften aufgebaut, zwängte sich Arie schon zwischen die Kameralinse und mich. In den letzten Jahren gelang es ihm immer öfter, mich in den Hintergrund zu drängen. Dieser Mann da hinten im schattigen Mittelgrund des Fotos, das bin ich. Absoluter Höhepunkt für Arie aber war das Staatsporträt, das Pim Westerweel von ihm schoss, um es in sein Buch über »Prominente Niederländer und ihre Katzen« aufzunehmen. Ein Buch, das Aries Meinung nach eigentlich »Prominente Katzen und ihre Niederländer« hätte heißen müssen. Am Tag nach seinem Tod brachte die belgische Zeitung »De Standaard« noch ein Foto von ihm. Da lag er schon einen Meter tief in der Erde unseres Gartens. Wir haben ihn mit der ihm angemessenen Portion Schmerz und Verbitterung beerdigt: Der Herr hat's gegeben, der Herr hat's genommen, der Herr kann mich mal.

Der Liebling, ausgestreckt in Leichenstarre, der Schwanz voller als zu Lebzeiten, das Köpfchen devot abgewendet: ein Anblick, den ich nie mehr vergessen werde und der mit jeder Schaufel Erde, die auf ihn fiel, nur noch schmerzlicher wurde. Da hatte Arie sein ganzes Leben lang doch jede Unreinheit aus dem Fell geleckt, und jetzt das. Immer werde ich es vor mir sehen, wie zum Schluss nur noch seine Ohren aus der Erde ragten wie die Händchen eines ertrinkenden Kindes. Aber da hatte ich schon die nächste Schaufel Erde drübergeworfen. Ich fühlte mich, als schüttete ich einen Eimer Wasser über einem Ertrinkenden aus. Gott sei Dank blieb es still im Grab. Die lieben Ohren waren tote, liebe Ohren.

In der Nacht davor hatte Arie seinen Tod herausgeschrien. Er lag auf dem Küchenboden und schrie: ein paar Mal hintereinander ein lang gezogenes Miauen, wie ich es noch nie von ihm gehört hatte. Es drang mir durch Mark und Bein. Nicht nur das Miauen selber, sondern auch der Gedanke, dass ein geliebtes Wesen ein ganzes Leben mit einem Laut in seinem Innern herumläuft, der erst beim Sterben hervortritt. Auch wenn man diesen Laut nur einen Augenblick lang braucht, auf der Schippe des Todes gewissermaßen, so existiert diese kleine Hupe doch. In meinen Katzenbüchern habe ich immer wieder erklärt, dass ein Miauen, das länger als eine Sekunde dauert und eine Tonhöhe von ungefähr 700 bis 800 Hertz hat, einen Gruß darstellt. Wer aber konnte in Gottes Namen mit diesem letzten Gruß gemeint sein? Sollte eine Katze im letzten Rausch ihrem Schöpfer gegenübertreten? Und doch ist es so. Für mich klang dieses letzte Miauen sehr nach: »Mein Gott, mein Gott, warum hast du mich verlassen?«

War ich schon zu Lebzeiten immer neidisch auf Arie, weil er, ohne eine Pfote zu rühren, einfach glücklich sein konnte, so war ich es auf seine Art zu sterben noch mehr. Innerhalb weniger Tage löste er sich von allem Irdischen. Essen und Trinken interessierten ihn nicht mehr. Streicheln ließ er noch zu. Ein Sterben der Superklasse. Arie wurde einfach immer weniger, bis nichts mehr von ihm übrig war. Ohne dabei auch nur für einen Augenblick seine Würde zu verlieren. Katze bis in den Tod.

Lebwohl, lieber Arie.

Die Kleinkatze

Wenn Gott im Stande ist, so etwas Großartiges wie eine Katze zu erschaffen, was wollte er dann noch mit dem Hund? Oder mit dem Menschen? Wozu sind wir eigentlich überhaupt auf der Welt?

Nun, auch Gott kann nicht hexen. Er kann ja nicht alles allein machen. Was hat man schon davon, Gott zu sein, wenn niemand da ist, der an einen glaubt? Existiert einer nicht erst, wenn es auch einen gibt, der von seiner Existenz überzeugt ist? Also erschuf Gott die Gläubigen. Und lässt sich seither tagein und tagaus von seinen selbst erschaffenen Geschöpfen lobpreisen. Damit aber auch diese gelegentlich gelobpreiset würden, hat Gott den Hund gemacht.

Glauben Hunde an einen Gott, dann hat dieser Gott zwei Beine, zehn Finger und einen Büchsenöffner. Was wir die Treue des Hundes nennen, ist seine Religion. Bei dieser Religion ist das Herrchen sein Gott, das Schwanzgewedel das Gebet und das Haus oder die Wohnung, wo er lebt, sein Tempel.

Katzen sind womöglich noch religiöser. Sie haben sogar eine Liturgie. Anders als beim Hund hat ihr Gott aber vier Beine, einen Schwanz und zwei Augen, die in der Dämmerung geheimnisvoll aufleuchten. Katzen sind ihr eigener Gott. Zwar ist unser Zuhause auch ihr Tempel, aber diesmal sind die Tempelerbauer die Gläubigen. Ehrfurchtsvoll fügen sie sich den Wünschen ihrer Katze. Ein wahrhaft göttliches Geschöpf, das sieht man auf den ersten Blick.

Wie erschafft man eine Katze? Natürlich mithilfe der allerkostbarsten Materialien: Bernstein, flämische Spitzen, Myrrhe, die Mähne eines jungen Einhorns und von kantonesischen Jungfrauen gewebter Brokat für das Zünglein. Für die Augen kommen nur die reinsten Edelsteine in Betracht, und die Schnurrhaare sind aus den allerneuesten Errungenschaften der technischen Labors gefertigt. Und das alles wird dann zu einem unwahrscheinlich kleinen und geschmeidigen Körper verarbeitet, denn bei den Katzen ist es die Größe, die über die Zugehörigkeit zu einer Gattung entscheidet.

So wie die großen Cetacea Wale heißen und die kleinen Cetacea Delfine, so teilen sich auch die Katzenartigen in die Gattungen der großen und kleinen Katzen. Zu den Großkatzen gehören, außer dem Löwen und dem Tiger, auch der Panter und der Leopard; zu den Kleinkatzen rechnet man außer der Hauskatze und dem Ozelot noch ungefähr dreißig andere Arten. Es gibt aber noch weitere Kennzeichen, die entscheidend sind. So zieht sich bei den Großkatzen die Pupille nicht zu einem Spalt zusammen, sondern zu einer kleinen Scheibe, wodurch sie plötzlich gar nicht mehr so katzenartig aussehen. Am deutlichsten aber kann man den Unterschied zwischen großen und kleinen Katzenartigen hören. Die Großkatzen brüllen, die Kleinen nicht. Das hängt mit dem Bau des Zungenbeins zusammen. Bei den großen Katzen findet sich ein kleines elastisches Band, das den Kleinen fehlt. Aber als müssten sie das Gebrüll, das die Großen damit veranstalten, kompensieren, können kleine Katzen beim Ein- und Ausatmen schnurren; Großkatzen können das nur beim Ausatmen.

Die Stärke der Hauskatze liegt darin, dass der Schöpfer die ganze Schönheit und Geschmeidigkeit der Großkatzen in die kleinen Katzen gesteckt hat. Wie im Destillat der Alkohol und in der Peperoni die Schärfe, so ist in einer kleinen Katze das Katzenhafte an sich konzentriert. Eine Katze ist für einen Katzenliebhaber das, was einem Trinker der Schnaps und einem Thailänder die Peperoni ist. Doch wie bei diesen Genüssen ist auch bei der Katze Vorsicht geboten. Während man sich die Liebe zu einem Hund wie eine Maß Bier hinter die Binde kippen kann, muss man an einer Katze erst nippen lernen.

Der Foxterrier

Früher gab es Junggesellen. Das waren Männer mit schmuddligen Anzügen und Zigarettenasche auf der Hose. Sie steckten voller spannender Geschichten und wurden von ihren Neffen angebetet. Junggesellen, das wussten wir Jungs damals genau, räumten nie ihr Zimmer auf, brauchten ihren Teller nicht leer zu essen und zogen morgens einfach die schmutzige Unterhose vom Vortag wieder an. Später, wenn wir mal groß wären, wollten wir auch Junggesellen sein. Dann bräuchten wir auf niemanden mehr zu hören und stünden auf Festen immer im Mittelpunkt.

Aber wo sind sie geblieben, diese Junggesellen? Verheiratet? Homosexuell geworden? Wegemanzipiert? Zwar gibt es noch unverheiratete Männer, sogar mehr denn je, aber nicht von der Art, die die Bewunderung ihrer Neffen erregen könnten. Es sind Saubereunterhosenträger, Spülmaschinenbesitzer. Die Alleinstehenden von heute nennen sich Singles und setzen alles dran, ihre Art auf speziell zu diesem Zweck organisierten Single-Abenden auszurotten. Den wirklichen Junggesellen findet man nur noch im Comicladen. In den Comics lebt er weiter. Als Held.

Ein wirklicher Held ist immer Junggeselle. Was wäre das auch für ein Held, der rechtzeitig zum Abendessen zu Hause sein muss? Frau Luke wäre ihrem Lucky bei seinen Abenteuern nur im Weg, und dass die Daltons überhaupt eine Mutter haben, ist schon schlimm genug. Obelix und Asterix verheiratet? Das hätte Cäsar wohl gerne gehabt!

Damit die Helden dennoch einen Ansprechpartner

haben, stellen die Comiczeichner ihnen seit Jahr und Tag einen treuen Kameraden zur Seite. Der treue Kamerad par excellence ist der Hund; der hat sich das gewissermaßen zur Profession erkoren. Katzen finden in dieser Berufsgruppe kaum Beschäftigung, Katzen sind nämlich ausgesprochen untreu. Deshalb musste der Zeichner Hergé, selber ein großer Katzenliebhaber, seinem Helden Tim einen Hund zugesellen. Inzwischen ist Struppi nicht weniger beliebt als sein Herrchen. Umso mehr fällt auf, dass man heute kaum noch jemanden mit so einem Hund auf der Straße sieht. Man trifft jede Menge Leute mit Lassies und Hushpuppies an der Leine, und in Amerika ziehen sie den Greyhound jedem Bus vor, aber einem Foxterrier begegnet man fast nie. Allerdings sieht man auch kaum noch jemanden in Knickerbockern herumlaufen.

Als Hergé Tim mit Knickerbockern und einem Foxterrier versah, waren Hund wie Hose gerade in Mode. Jeder Mann trug so eine Hose, und Foxterrier traf man in jeder Drogerie und in jedem Plattenladen. In der Drogerie priesen die Foxterrier Medinos-Zahnpasta an, und im Plattenladen hörten sie auf His Master's Voice. Zahnpasta, Platten oder Comics: Mit einem Foxterrier bringt man alles an den Mann. Nur die Hunde selber nicht. Denn will man den Hundebüchern Glauben schenken, dann lässt sich ihr Charakter euphemistisch nur als »äußerst temperamentvoll« und »sehr lebhaft« umschreiben. Foxterrier sind »wachsam« und stets »unternehmungslustig«. Wie geschaffen für Abenteuer, allerdings weniger geeignet als bürgerliche Hausgenossen. Foxterrier bringen einem abends Stiefel und Wanderstock statt Pfeife und Pantoffeln.

Ein leicht treuer Blick, ab und zu Pfötchen geben, ein wenig Speichellecken – mehr braucht es nicht, um aus jedem Hund den Helden seines Herrchens zu machen. Solange der Hund beim Anblick seines Herrchens nur fröhlich wedelt, darf er getrost an Laternenpfähle pinkeln und auf dem Sofa liegen. Denn während Herrchen zuckersüß den Chef begrüßt, knurrt der Hund, und regt sich Herrchen über Nachbars Baum auf, weil der ihm in der Sonne steht, kackt der Hund dem Nachbarn direkt vor die Haustür. Und während Herrchen sich noch den Kopf zermartert, mit welchen Worten er denn das nette Mädchen ansprechen könnte, hat Hundchen schon seine große, nasse Schnauze unter ihre Röcke gesteckt. »Aus, Bello!«, ruft Herrchen in allen drei Fällen, aber Hundchen weiß sehr wohl, dass Herrchen gar nicht meint, was er da sagt, und wühlt, kackt und knurrt munter weiter. Ein Hund nämlich darf alles, was sein Herrchen nicht darf, und auf diese Weise beteiligt sich Herrchen heimlich an den Untaten seines Vierbeiners. Ein Hund ist der wandelnde Protest gegen die Normen, denen man gehorchen muss. So ein Hund ist der Junggeselle, der man so gern gewesen wäre.

Der Kneipentiger

Ich liebe Buchläden und Bibliotheken. Für ein genüssliches Bad in einem Meer aus Buchstaben bin ich immer zu haben. Aber ich mag auch Kneipen und Bars ganz gerne. Also stelle ich mir den Himmel als eine riesige Bibliothek mit uneingeschränkter Schanklizenz vor. In froher Erwartung dieser allerhöchsten Seligkeit halte ich meine Lesungen am liebsten in Literaturcafés ab.

Für durstige Leser und lesefreudige Trinker liegt das Paradies auf Erden in Frankfurt auf der Buchmesse, der größten der Welt. Hier versammeln sich alle Jahre wieder zehntausende Verleger aus hundert Ländern, die hunderttausende neu erschienene Bücher mitbringen. In den Hallen mit den Bücherständen und auch im Freien locken zahlreiche Bars, Büfetts und Cafés. Kaum ist eine Buchmesse zu Ende, freuen sich Alkohol liebende Verleger und Bücher verlegende Alkoholiker schon wieder auf die nächste. Trotzdem fehlt dieser literarischen Orgie noch etwas zum wahren Glück: Es gibt dort keine Katzen.

Einen guten Buchladen und eine gute Kneipe erkennt man an der Katze, die dazugehört. Sie döst im Schaufenster oder auf einem Barhocker und trägt somit zur Vervollkommnung des Ambientes bei. Wer beim Lesen oder Trinken alles hinter sich lassen will, der findet in der Katze ein treffliches Vorbild. Man kann den teuersten Innenarchitekten engagieren, die Kneipe mit alten Wagenrädern und verbeulten Tubas vollhängen: Ohne Katze ist das alles nichts wert.

Trinken Katzen auch? Normalerweise verfallen sie nicht so schnell dem Alkohol. Milch ist ihnen lieber, aber auch Pommes frites, ein Stück Currywurst oder Sandwich verschmähen sie nicht. Wer eine Katze betrunken macht, stört die Koordination von Augen und Muskeln, was zwar lustig anzusehen, aber eine ziemliche Gemeinheit ist. Je neurotischer die Katze, desto eher gelingt es. Eine seelisch gesunde Katze liest lieber statt zu trinken.

Lesen brauchen Katzen auf keiner Katzenschule zu lernen. Da lernt man sowieso nur Dinge wie Einschleimerei, in die Sonne blinzeln und wie man dem Menschen, der einen liebt, am besten auf der Seele herumtrampelt. Nein, eine Katze kann von Natur aus lesen, und das auch noch auf sehr bewundernswerte Weise. Die Katze liest nämlich mit dem Hinterteil. Will sie die Zeitung lesen, setzt sie sich einfach mit dem Hintern drauf. Bei Büchern genauso. Nur Taschenbücher mag mein Arie nicht so gern, weil er da immer wieder runterrutscht. Aber sobald eine Zeitung auf dem Tisch liegt, breitet er neugierig seinen dicken Hintern darauf aus und legt den Schwanz quer über den Rest der Zeitung. Ich muss dann warten, bis er sich für einen Moment erhebt, damit ich für ihn umblättern kann.

Obwohl eine Katze nicht mit den Augen liest, unterscheidet sich ihr Gesichtsausdruck, wenn sie über einem Buch oder einer Zeitung brütet, in nichts von dem eines lesenden Menschen. Sie kennen das sicher: Im Kopf des Lesers kann das Blut von Indianern, die gerade von Cowboys niedergemetzelt werden, nur so spritzen, oder Raumschiffe pusten ganze Planeten weg – der Leser blickt ungerührt und scheinheilig vor sich hin. Sein Blick ist konzentriert, wie er es nur beim Lesen oder beim Verkosten von sehr, sehr teurem Wein ist, ein Blick, der, wenn wir ihn bei unseren Katzen entdecken, uns einfach dahinschmelzen lässt.

Mir fehlt, während ich dies schreibe, weder das gut gefüllte Glas noch das Buch noch die Katze zu meinem Glück. Trotzdem muss ich mit dem Glücklichsein noch einen Augenblick warten. Arie hat die Seite noch nicht zu Ende gelesen.

Das Lamm Gottes

Gott ist gut. Er hat die Sonne und das Meer erschaffen, die Morgenstund mit Gold im Mund, das herrliche Bauchflattern, wenn man als Kind etwas Unartiges getan hatte, und die Genugtuung, wenn man einem Gerücht zur Verbreitung geholfen hat. Außerdem hat er das Maiglöckchen geschaffen und vor allem eins, die Katze. Nicht der Mensch, sondern die Katze ist Gottes Meisterwerk: ein Maximum an raffinierter Konstruktion, rasanter Politur und revolutionärer Federung. Wie bei den alten Zünften hat so ein Meisterstück nur einen Zweck: ein Meisterstück zu sein. Wozu es sonst dienen könnte ist nebensächlich. Ein kostbares Kleinod. Das Tüpfelchen ohne ein I. Eine Katze braucht nicht waschen oder bügeln zu können. Denn eine Katze ist niemals Ehefrau, sondern immer nur Geliebte.

Mit einer Katze fühlt man sich wie im siebten Himmel. Geht das überhaupt? Angeblich gibt es im Himmel keine Tiere. Johannes behauptet in seiner Offenbarung, Gott dulde neben seinem Thron lediglich das Lamm. Anderen Tieren ist der Zutritt zum Himmel verwehrt. Für Zwergkaninchen, Krokodile, Schmetterlinge oder Südostasiatische Süßwasserkugelfische ist dort kein Platz, nicht mal für das Eselchen, das Jesus und dessen Mutter durch die Wüste trug. Der Himmel ist wie ein Zoo, den die Tiere mangels einer gültigen Eintrittskarte nicht betreten dürfen. Solche Zoos müsste es mehr geben.

Nach Meinung der Kirche wurden Pflanzen und Tiere ohnehin nur erschaffen, um eine blendende Kulisse für das menschliche Schauspiel abzugeben. Und wenn dieses Theaterstück einst mit dem Jüngsten Gericht zu Ende sein wird, werden auch Kulissen und Requisiten abgebaut und für immer verstaut. Deshalb belästigen uns im Himmel auch keine Flöhe, keine Zecken, Motten, Malariamoskitos, Kakerlaken und auch keine Hunde. Ja, Hund und Himmel schließen sich geradezu aus. Aber ohne Katze ist der ganze Himmel nichts wert. Was soll man dort ohne seine Geliebte? Und erst auf Erden? Die Bibel verschwendet nicht einen einzigen Satz an die Katze. Die verrücktesten Tiere tauchen darin auf, von der sprechenden Schlange bis zum menschenfressenden Wal, aber Katzen? Fehlanzeige! Kein Wunder, dass den Kirchen in unserem Land die Leute haufenweise davonlaufen. Wer liest schon gerne ein Buch, in dem keine einzige Katze vorkommt? Oder könnte es sein, dass man die Katze, die zwar auf der Erde aber nicht im Himmel vorkommt, verwechselt hat mit jenem anderen Wesen, das im Himmel lebt, aber nicht auf Erden? Nirgendwo steht geschrieben, dass Engel in weißen Kittelkleidern und mit Kartonflügeln herumfliegen müssen. Vielleicht haben Engel ja doch ein weiches Fell und einen langen Schwanz und spielen nicht Harfe, sondern schnurren, und womöglich gibt es außer schwarzen und roten Engeln auch dreifarbige. Also doch Katzen im Himmel?

Mein ganzes Leben lang habe ich mir diese Frage gestellt. Und so konnte ich es auch kaum erwarten, endlich zu sterben. Meinen letzten Atemzug tat ich mit einem Seufzer der Erleichterung. Jetzt würde ich das bestgehütete Geheimnis des Himmels enträtseln! Die Reise dauerte länger, als ich erwartet hatte, doch nach einiger Zeit glaubte ich, den Himmel riechen zu können, so wie man früher beim Badeausflug mit Muttern das Meer bereits in den Dünen riechen konnte, lange bevor man es sah. Eine letzte Wolke, ein abschließender Nebelfetzen, und da stand sie: die Himmelspforte! Groß und mit viel Gold verziert, so wie ich sie mir immer vorgestellt hatte. Neugierig ließ ich den Blick von der Spitze des Portals herabgleiten. Und tatsächlich! Da war sie. Rechts unten in der Himmelspforte: die kleine, köstliche Katzenluke!

Gott ist gut. Aber bescheuert ist er nicht. Wer hätte schon geglaubt, Gott würde von seinem Thron aufstehen, nur um mal wieder die Katze hinauszulassen.

Der Admiral

Man muss schon sehr tierlieb sein, um eine Schlange am Busen zu nähren. Aber man muss regelrecht verrückt nach Pflanzen sein, zählt man Brennnesseln zu seinen Lieblingen.

Über Schlangen brauche ich mich nicht zu beklagen, die habe ich in meinem Garten nicht. Brennnesseln schon. Es gibt Leute, die regen sich darüber auf. Rainfarn, Disteln, das mag ja noch angehen, wenn man in Kauf nimmt, dass jeder gleich weiß, wer hier wohnt, ein Biologe nämlich. Aber Brennnesseln vor dem Haus, das ist gleichbedeutend mit einem Hundehaufen auf dem Parkett, einer Rotzfahne unter der Nase oder einem Kratzer auf dem Straßenkreuzer. Etwas, wogegen man rasch etwas unternehmen muss.

Wer Brennnesseln Asyl gewährt, hat zum Glück eine gute Entschuldigung parat. Sie sind ökologisch von größter Wichtigkeit,weil sie die Hauptnahrung für die Raupen bilden, Raupen, aus denen später so wunderschöne Schmetterlinge werden wie der Admiral, das Tagpfauenauge oder der Kleine Fuchs. An den Nesselhaaren stören sie sich nicht, denn eine Nessel hat es mit ihrem Brennen ausschließlich auf uns Menschen und das Vieh abgesehen. Jedes Haar ist eine aus einem Stück geformte Injektionsnadel, gebaut aus einer einzigen Zelle. Und weil diese Zelle aus Kieselsäure besteht, ist deren Wand so zerbrechlich wie Glas, vor allem direkt unter der Spitze, die scharfkantig abbricht. Diese Kante ritzt in die Haut des Opfers eine Wunde, in die der Nesselsaft, weil er unter Druck steht, direkt hineingespritzt wird. Es ist zwar nicht viel, aber diese Wenigkeit ist dafür umso gemeiner. Denn der Saft enthält Acetylcholin; das ist das Zeug, mit dem in unserem Körper Reize von einem Nerv zum nächsten weitergegeben werden. Auf diese Weise löst die Pflanze geradewegs die Alarmglocke in unserem Gehirn aus, welches dann nichts Besseres zu tun weiß, als den Befehl zum Kratzen zu geben. Das besänftigt den Schmerz ein wenig, aber jetzt fängt das zweite Gift an zu wirken: das Histamin, jener Stoff, der auch Heuschnupfenpatienten zur Raserei bringt.

Bis auf ein paar ausgefallene Rassen leidet jedes größere Weidevieh genauso unter den Brennnesseln wie wir. Deshalb wachsen in den Naturschutzgebieten auch so viele Brennnesseln. Da wirkt die so genannte ökologische Vernunft. Die Raupen aber sind glücklich darüber; sie fressen sich dick und fett, damit rasch schöne Schmetterlinge aus ihnen werden. Auch in Ihrem Garten, wenn Sie das gerne möchten. Brennnesseln züchten heißt Schmetterlinge anbauen. Somit ist die Haltung von Brennnesseln Teil der Viehzucht und nicht des Ackerbaus. Man hält sich hässliche Pflanzen, um schöne Tiere ernten zu können. Das ist eine völlig normale Sache. Ganz Holland ist überzogen mit der hässlichsten Pflanze der Welt: Gras. Liegt irgendwo mal kein Asphalt, kann man seinen Kopf darauf wetten, dass dort Gras wächst. Nicht das schöne, das mit dem zarten Flaum und der silbernen Spreu, sondern das ganz gewöhnliche, eine dichte Matte aus Krüppelhalmen, die nur den anderen Pflanzen im Licht stehen wollen. Aus diesem Gras werden Kühe gemacht. Mitten im größten

Industriegebiet von Holland, zwischen den Städten Rotterdam, Amsterdam und Den Haag liegt ein riesiger Kuhfütterungsplatz, das so genannte grüne Herz von Holland. Davon ermutigt, sind viele Menschen dazu übergegangen, selber Gras anzubauen. Manchmal sieht man einen ganzen Garten voller Gras, nichts als Gras, obwohl weit und breit keine Kuh zu entdecken ist. Diese Leute haben offensichtlich nicht alle Tassen im Schrank. Denn was soll man mit einem Garten, in dem keine einzige Nessel steht?

Wer Brennnesseln sucht, muss in meinen Garten kommen. Das hübscheste Brennnesselbüschel wächst auf dem Grab meiner Katze. Der Stickstoffgehalt der Erde ist dort besonders hoch. Brennnesseln mögen so was. Sie wachsen dort noch schneller als die Raupen, die sich zweimal im Jahr zu Schmetterlingen entpuppen. Auf zarten Flügeln flattert dann der Geist meiner Katze in den Himmel hinauf. Voller Bewunderung betrachte ich die Brennnesseln in meinem Garten. Sie haben meine Katze fliegen gelehrt.

Die verrückte Katze

Für sie die Platten von den Rolling Stones, für mich die von den Beatles. So einfach war meine Scheidung, aber das ist lange her. Scheiden lässt man sich am besten kurz nach der Hochzeit, wenn sich noch nicht so viel angehäuft hat, was nachher nur wieder verteilt werden muss. Aber auch wenig kann schon zu viel sein. Für mich die Beatles und für sie die Stones, diese Entscheidung habe ich nie bereut, aber sie nahm die Katzen mit, und ich kriegte die Meerschweinchen. Ein allein stehender Mann sollte sich niemals Meerschweinchen halten! Aber sie waren so klein, und das traf sich gut, denn ich hatte nur eine Einzimmerwohnung. Rasch fand ich heraus, dass ihr ständiges Quieken doch eher etwas für die weiträumigen Hochplateaus von Peru sein müsste, vor allem nachts. Jedes Rascheln in meinem Bett interpretierten die Meerschweinchen als Vorzeichen für eine frische Portion Futter, was meinem schmerz- und mühevoll wieder aufgebauten Liebesleben nicht gerade zuträglich war. Meerschweinchengequieke ist der männlichen Konzentration in hohem Maße abträglich. Wahrscheinlich stammt mein Interesse für peruanische Meerschweinchenrezepte aus jener Zeit.

Ob Tiere wohl bei einer Scheidung ein ähnliches Trauma davontragen wie Kinder? Mangels konkreter wissenschaftlicher Untersuchungen können nur Anekdoten darüber Auskunft geben. Und eine solche Anekdote schleicht in Form einer griesgrämigen Dreifarbenkatze schon seit Jahren durch mein Haus. Sie wurde mir von ihrem Besitzer aufgebrummt, der sich im chronischen Zustand der Scheidung befand, mit sämtlichen widerlichen Nebenerscheinungen. Ob ich mich ein wenig um das arme, ungefähr ein Jahr alte Tierchen kümmern wolle? Ein Blick meinerseits genügte, um den wahren Grund dafür zu erkennen, warum er sie loswerden wollte: Das Vieh war total bekloppt! Aber eingebildet, wie ich auf meine Katzenkenntnisse war, glaubte ich, dem Tier helfen zu können. Es stellte sich leider heraus, dass Katzen, auch wenn sie verrückt sind, menschlicher Argumentation mitnichten zugänglich sind. Ich probierte alles aus, sie verstand mich einfach nicht! Wollte ich sie streicheln, sah sie darin den Versuch eines vorsätzlichen Totschlags, ständig jaulte sie nach der Fressportion, die gerade vor einer Minute in ihrem Magen-Darm-Trakt verschwunden war, und sie hieb mit den Krallen nach jedem, der sich ihr in freundlicher Absicht näherte.

Aber es lag auch eine Offenbarung darin zu erkennen, dass es auf Erden Katzen gibt, die ich nicht leiden kann. Und ich stehe mit meiner Meinung nicht allein. Auch der Rest meiner Katzen kann für meine unangenehm geisteskranke Katze nur wenig Sympathie aufbringen. Es gibt Augenblicke, da wünsche ich mir, sie wäre tot, aber das hilft bei Katzen so wenig wie bei Meerschweinchen. Also träume ich davon, dass es eines Tages an meiner Haustür klingelt und zwei Katzen in weißen Kitteln davor stehen, die die irre Katze ungeachtet ihrer heftigen Gegenwehr fachmännisch in eine Zwangsjacke stecken, um sie in ein großes Haus mit Park drumherum zu verfrachten. Nur zu ihrem Besten natürlich. Aber auch das wird nur ein Traum bleiben. Es gibt keine Landesirrenanstalten für geistesgestörte Katzen. Und bis auf ein paar gewitzte Beutelschneider in New York oder Paris gibt es auch niemanden, der sich des Seelenlebens einer Katze annähme oder auch anderer Tiere. Verrückte Katzen, Mäuse mit einem Minderwertigkeitskomplex, manisch-depressive Meerschweinchen, schizophrene Schildkröten: Sie alle müssen selber sehen, wie sie zurechtkommen. Nicht einmal wahnsinnige Rinder oder toll gewordene Hunde werden zum Psychiater gebracht.

Dass es keine Irrenanstalten für Tiere gibt, bedeutet aber noch lange nicht, es gäbe keine Anstalten mit irren Tieren. Die gibt es nämlich zuhauf: Zoos, Legebatterien, Schweinezüchtereien. Hysterische Hühner picken sich die Haut blutig, Rinder sind so wahnsinnig, dass sie sich ungerührt die Kälber wegnehmen lassen, und Gorillas so autistisch, dass sie gar nicht wahrnehmen, wie sie an Wandertagen von ungezählten Schulklassen angegafft werden. Eine irre gewordene Umgebung macht Irre aus den Tieren.

Jetzt verstehen Sie vielleicht auch, warum Zoos aussehen wie Irrenanstalten, und es trennt Sie nur noch ein winziger Schritt von der Erkenntnis, warum so viele Irrenanstalten aussehen wie Zoos.

Die Stoffkatze

Ein Biologe tritt nur selten in Hundedreck. Für ihn ist das eine Sünde. Was einem anderen Anlass unendlichen Ärgernisses ist, ist ihm eine reine Quelle der Information. Form, Konsistenz und Ausrichtung des Exkrements verraten ihm alles über den Exkrementeur. Deshalb hat ein Biologe außer Haus seinen Blick auch immer zu Boden gerichtet. Nur den Vogelforschern unter den Biologen passiert ab und zu ein Ausrutscher.

Interessanter als die Scheiße von anderen ist die eigene. In allen Farben berichtet sie vom netten Essen neulich Abend und was die Gedärme davon hielten. Aber es sind wohl nicht nur die Biologen unter uns, die sich nach verrichteter Tat umdrehen und nachschauen, ob es aussieht, wie es sich angefühlt hat. Und, ach, wie oft ist die Enttäuschung groß – zu weich, zu gelb, zu wenig –, aber es kommt auch vor, dass man sein Produkt am liebsten stolz herumzeigen würde. Aber nur Kleinkinder können darauf hoffen, mit einem wohl gefüllten Töpfchen Bewunderung zu ernten.

Welcher Scheißhaufen ist der schönste? Der rauchwurstförmige oder doch das Softeismodell? Darüber zerbricht sich mancher Arzt den Kopf. Ärzte hätten die Haufen am liebsten normiert, damit sie die von ihren Patienten produzierten Fladen und Knöllchen daran messen können. Außer Farbe und Form ist auch das spezifische Gewicht ein aussagekräftiges Kriterium, ebenso die Menge Toilettenpapier, die man pro Pfund verbraucht.

Ein normaler Mensch weiß genau, welchen Haufen er schön findet, doch wie kann er dem Ideal so nahe wie möglich kommen? Zum Beispiel, indem er auf den Verzehr ausgefallener Dinge verzichtet und sich möglichst nicht aufregt. Regt ein Mensch oder ein Tier sich auf, dann vernachlässigt der Körper die Verdauung, um sich voll und ganz dem Angriff oder der Verteidigung widmen zu können. Viele Tiere entleeren ihren Darm, ehe sie vor dem Feind flüchten. Auf diese Weise verringert sich ihr Gewicht, ungefähr so, wie wenn man aus einem Heißluftballon Ballast abwirft.

Für wirklich schöne Haufen muss man reichlich Ballaststoffe essen. In dieser Hinsicht können wir uns am Pferd oder am Elefanten ein Beispiel nehmen. Ihre Exkremente sind ein wahrer Augenschmaus. Im Enddarm von Mensch und Tier stürzen sich zahlreiche Bakterien auf die noch unverdauten Ballaststoffe und geben dem Exkrement die luftige, lockere Konsistenz einer gelungenen Frikadelle. In manchen Gegenden Afrikas wird besonders ballastreich gegessen. Dort wird ungefähr viermal so viel geschissen wie bei uns, und zwar in Form schöner, auf dem Kopf stehender Pilze, die auf Grund ihrer Luftigkeit an der Wasseroberfläche treiben, wodurch so ein Flussdorf doch gleich ein viel fröhlicheres Aussehen bekommt.

Wer kein Pferd oder keinen Elefanten zur Verfügung hat, kann sich in Sachen Ballaststoffe auch an unsere Hauskatzen halten. Diese mögen zwar weder Kleie noch Vollkornbrot, aber dafür häufen sich die Klagen über Katzen, die Angora, Wolle, Seide oder andere Textilien fressen. Manche richten für abertausende Gulden Schäden an Vorhängen, Sofas und Wäsche an. Unverdaulich wie sie nun mal sind, landen die zernagten Stofffetzen als Beweismaterial im Katzenklo. Tierärzte stehen vor einem Rätsel. Warum frisst eine Katze den Schoß, auf dem sie sitzt? Warum bildet eine Katze sich ein, eine Motte zu sein? Wahrscheinlich ist das Stofffressen von Katzen ein ähnlicher Nervenschaden wie es unser Nägelkauen ist; oft darf die betreffende Katze nie nach draußen, wo sie kleine Beute machen könnte. Vor allem Rassekatzen sind betroffen. Neunzig Prozent aller Katzen, die Stoff fressen, sind Rassekatzen, und davon wiederum ein Großteil – wen wundert's – Angorakatzen.

Die Dänische Dogge

Das Schlimmste, was einem als Neffe passieren kann, ist ein Onkel, der nasse Küsse gibt. Dagegen kann man sich nicht anders wehren als geduldig abzuwarten, bis man zu groß ist, um noch von Onkeln geküsst zu werden. Aber sicher ist man nie. Der frei gewordene Platz aufdringlicher Onkel wird dann von befreundeten Hunden besetzt, oder, was keineswegs dasselbe ist, von Hunden befreundeter Menschen.

Schlabb! Ein Zungenkuss von einer Dänischen Dogge, und es ist, als käme man gerade unter der Dusche hervor. Sauber fühlt sich allerdings anders an. Es ist eher so, als wären einem ein Dutzend Schnecken über die Backe gekrochen. Eine einzige Hundezunge liefert genug Spucke für tausend Briefmarken und hundert Umschläge; und kurz zuvor hat diese Schnauze womöglich noch in einem frischen Hundehaufen gesteckt. Das Tier könnte einem regelrecht Leid tun, weil es den ganzen Tag mit einem so ekligen Lappen im Maul rumlaufen muss.

Trotzdem halten Sie oft genug so eine Zunge selber in der Hand, nicht weniger groß und nicht weniger glitschig, weich und voll eben erkundetem Schmutz. Ein Hund hängt allerdings nicht dran. Es ist eine Zunge, die sich selbstständig gemacht hat. Wir kennen sie auch unter dem Namen »Spültuch«. Hier wischt man einen Tisch damit ab, dort säubert man das Spülbecken, andernorts saugt man Blut- und Eiweißflecken damit auf. Man macht damit gleichzeitig sauber und dreckig. Während man eine Tischplatte vermeintlich sauber wischt, verteilt man die

Bakterien des davor Gesäuberten darauf, voller Erwartung eines dritten Putzobjektes, das man dann mit dem Schmutz der beiden vorigen beschmieren kann. Spültücher sind für Bakterien das, was uns die Flugzeuge sind: Sie dienen zur Überwindung großer Distanzen. Eine kurze Strecke schwimmt eine Bakterie schon mal selber, solange der Wasserweg nicht austrocknet. Aber dafür sorgt die ordentliche Hausfrau schon, die jederzeit wieder mit einem nassen Lappen zur Stelle ist, um es dem kleinen Hausgenossen so gemütlich wie nur möglich zu machen.

Der wichtigste Unterschied zwischen dem Tuch im Spülbecken und dem Lappen im Hundemaul besteht darin, dass eine Hundezunge niemals sauber ausgespült und ausgewrungen wird. Aber wo lässt so ein Vieh dann den ganzen Schmutz? Zum Glück brauchen wir uns darüber nicht den Kopf zu zerbrechen, wo uns doch der Hund mit seiner Zunge noch beim Abwasch hilft. Jeden Teller, jeden Topf, in dem vorher etwas Leckeres war, leckt er aus bis auf die Glasur. Eigentlich müsste man eine Spülmaschine mit solchen hin und her schießenden Zungen entwerfen und vorne eine Glastür einbauen, damit man alles genau sehen kann.

Mann streichelt Hund, Hund leckt Mann, aber ein Mann leckt vor allem seine eigenen Wunden. Das tut gut. Von klein an leckt jeder, Sie wie ich, seine Wunden aus. Eigen Blut schmeckt gut. Kein Wunder, ist doch Zucker drin, der Brennstoff, der den Körper in Gang hält. Es hätte ja genauso gut etwas so Widerliches wie Benzin sein können, aber dann wäre das Wundenlecken weniger angenehm. Und angenehm muss es sein, denn der menschliche Speichel ist wie Medizin. Spucke schützt das verletzte

Gewebe und verhindert eine neuerliche Infektion. Deshalb heilen Wunden im Mund besonders schnell. Zwar kann man sich eine Wunde außerhalb des Mundes durchaus selber infizieren, aber die Wahrscheinlichkeit, dass sich die Wunde durch die Spucke bessert, ist viel größer. Wer ganz sicher gehen will, kann das Lecken einem anderen überlassen, einem Hund zum Beispiel. Im Maul eines Hundes leben weniger Bakterien als im menschlichen Mund. Was nicht heißen soll, dass man das obligate Fläschchen Jod in der Reiseapotheke durch eine Dänische Dogge ersetzen soll. Als Wundstiller für die Reise tut's auch ein kleiner Pekinese: der handlichste nasse Kuss auf vier Pfoten.

Der Gott

Ein ruhiges Leben, ja, das mochte Tinus. Seit die Kinder aus dem Haus waren, ließ er es sich gut gehen. Auf die Jagd ging er schon längst nicht mehr. Er sah eine Weile zum Fenster hinaus, hielt ein Nickerchen auf dem Sofa und ging ab und zu um den Block, mehr wollte er gar nicht. Nur gläubig war Tinus geblieben, wie er es immer gewesen war. Stundenlang konnte er beten, ohne müde zu werden. Manchmal erfand er ein Gebet, aber am liebsten hielt er sich an die überlieferten Texte. Er kannte sie alle auswendig.

»HERR, erbarme dich«, so fing er meistens an. »Dein Name werde geheiligt, dein Wille geschehe.« Das stärkte ihn bereits, aber er setzte noch eins drauf. »Diene dem HERRN mit Furcht«, mahnte er sich selbst, »und küsse seine Füße mit Zittern.« Und während er betete, legte er sein Kinn auf das Knie des HERRN.

»Brav so, Tinus«, sprach dieser. »Braver Hund.«

Mit anbetungsvollem Blick hob Tinus den Kopf und fuhr zu beten fort. »Der HERR ist mein Hirte, mir wird nichts mangeln. Er weidet mich auf einer grünen Aue und führet mich zum frischen Wasser. Gutes und Barmherzigkeit werden mir folgen mein Leben lang, und ich werde bleiben im Hause des HERRN immerdar.«

»Wie treu so ein Hund doch gucken kann«, sagte der Mann zu seiner Frau.

»Mir geht das ständige Geknurre und Gekläffe auf die Nerven«, sprach diese. »Kann das Vieh nicht mal eine Minute sein Maul halten?«

Es war die Nacht des HERRN. Bruno vom Nachbarhof fing Schlag zwölf an zu beten. Die Hunde in den Häusern drum herum machten mit, und bald fiel auch Tinus ein.

»Der HERR ist mein Fels«, wusste Bruno zu bellen, und seine Nachbarn ergänzten: »... und meine Burg und mein Erretter. Gott ist Hort, auf den ich traue, mein Schild und Berg meines Heils.«

Es wurde eine wundervolle Nacht.

Am nächsten Morgen holte der HERR Tinus früher als sonst aus dem Zwinger. Geräuschvoll mit dem Schwanz wedelnd sprang das Tier am HERRN hoch. »Freuet euch, denn der HERR ist unter uns«, bellte es.

Der HERR nahm Tinus mit ins Auto. Klasse! Unterwegs sprach der HERR ununterbrochen mit dem Hund. Dieser verstand wie gewöhnlich kein Wort, genoss aber die Zuwendung. Die Wege des HERRN sind unerforschlich und so soll es auch sein.

Im Wald angekommen, nahm der HERR eine dicke Schnur und band den Hund an einen Baum.

»Tut mir Leid, alter Junge«, war alles, was der HERR noch zu sagen wusste. »Aber Rie hält dein dauerndes Gebelle einfach nicht mehr aus. Also, tschüss dann.«

In der ersten Stunde lag Tinus am Fuß des Baumes im Moos und rührte sich nicht. Er grübelte über einen passenden Text nach. Wird schon alles seine Richtigkeit haben, sagte er sich. Der Hund denkt, der HERR lenkt.

Später fing er leise an zu knurren: »Die Befehle des HERRN sind richtig und erfreuen das Herz. Die Gebote des HERRN sind lauter und erleuchten die Augen.«

Je mehr Zweifel sich in ihm regten, desto kürzer schien die Schnur zu werden. Das Gebet wurde immer lauter und schneller. Er musste standhaft bleiben, gerade jetzt, denn »der HERR wird regnen lassen über die Gottlosen Feuer und Schwefel und Glutwinde ihnen zum Lohne geben. Lass sich freuen alle, die auf dich trauen; ewiglich lass sie rühmen. Fröhlich lass sein in dir, die deinen Namen lieben.«

Es war Neumond. Irgendwo in der Einöde zerriss das Gebet eines Hundes die Stille der Nacht.

Der Haustyrann

Früher gab es Ritter. Die suchten in fernen Ländern nach dem Gral, obwohl sie nicht genau wussten, was das eigentlich war. Es sei das heilige Fass mit dem Blut des gekreuzigten Heilands, meinte der eine, und ein anderer glaubte, es müsse ein Edelstein sein, von Engeln in uralten Zeiten auf die Erde gebracht, während eine moderne Enzyklopädie zusammenfassend erläutert, es handle sich dabei um einen mystischen Gegenstand, der seinem Besitzer materielles und geistiges Heil bringe. Es sei eine Kreuzung zwischen Wunderöl und dem Stein der Weisen; erst wer den Gral besäße, wisse wirklich, wie er aussehe, man spüre instinktiv, dass man ihn in Händen halte. Jedenfalls ist der Gral etwas sehr Schönes und sehr Geheimnisvolles, das einen glücklich macht.

Ich brauche den Gral nicht zu suchen. Ich habe Katzen. Vier Stück sogar. Vierfaches Glück, das mir um die Beine streicht. Der lebendige Beweis, dass die Tiere – einige jedenfalls – von Gott erschaffen wurden, wenn auch gewiss nicht an einem einzigen Tag. Die höchste Gnade in einem einzigen Wesen zusammengeballt: BB, Zsa Zsa, Greta Garbo, die Erzengel Gabriel und Michael in einem Geschöpf, mit einer leichten Prise Adolf und Idi und einem Hauch Beelzebub.

Eine Katze ist ein Tyrann. Wer sich eine Katze ins Haus holt, tut recht daran, aber er muss genau wissen, was er tut; eine Katze reißt sofort alle Macht an sich. Es kursieren zahllose Geschichten über Schreckensregime, wobei Möbel bis zur Unkenntlichkeit zerfetzt werden, kostbares Geschirr zu Atomen zerfällt, Ehepaare kinderlos und alte

Jungfern unverheiratet bleiben, weil eine Katze das Bett als ihres betrachtet und kein unappetitliches Geschaukel darin duldet. Katzen werden grundsätzlich zu den ungelegensten Zeiten krank, um dann im Wartezimmer des Tierarztes auf wundersame Weise zu genesen. Katzen wollen grundsätzlich drinnen sein, wenn sie draußen sind, und draußen, wenn sie drinnen sind. Aber das sind alles Kleinigkeiten. Der wahre Grund für das Böse in ihnen, das wahre Fundament ihrer Macht über die Menschheit liegt tiefer. Nicht in den Katzen, sondern in uns.

Katzen setzen die Liebe, die wir für sie hegen, gegen uns ein. Sie können herrschen, weil wir durch das stete Gefühl der Unzulänglichkeit geschwächt sind. Ein Blick auf die Katze genügt, und das Gefühl der Unterlegenheit regt sich in uns. Man will dem Tier gefallen, aber wie? Was kann ein Mensch einer Katze schon bieten? Obwohl Katzen es hin und wieder zulassen, dass wir sie streicheln, sind unsere Finger blasshäutige Gruseldinger, verglichen mit der edlen Zunge, mit der Katzen sich zu verwöhnen pflegen. Es ist reine Glückssache, wenn eine Katze eine menschliche Streicheleinheit akzeptiert, und das nur mit der Herablassung eines Erwachsenen, der von einem Kleinkind ein Bonbon als Geschenk annimmt. Und dann dieser ständige Lärm, das laute, unbeholfene, dröhnende Geplapper der Menschen, wo ein subtiles Miau doch vollkommen ausreicht.

Dieses Unterlegenheitsgefühl ist die Triebfeder jeglicher Katzenliebhaberei. Pure Verzweiflung bemächtigt sich des Katzenliebhabers, wenn die Katze ohne ersichtlichen Grund seinen Schoß verlässt, während er glaubte, sie gerade nach Strich und Faden zu verwöhnen. Und dann leckt sie sich auch noch sorgfältig jedes Molekül Menschengeruch aus dem Fell. Immer wieder von vorn muss man die Katze umwerben und abwarten, ob die Werbung auch anschlägt. Egal, was man tut, genug ist es nie. Ich liebe meine Katze so sehr, dass ich mich, wäre ich eine Maus, mit Hingabe von ihr fressen lassen würde. Ich weiß aber auch, dass meine Katze das, ohne mit der Wimper zu zucken, tun würde.

Dieser Mangel an Gegenseitigkeit ist die Crux dieser Liebe. Sie findet ihr Pendant beim Vogelbeobachter, der gerade jene Vögel am meisten liebt, die am wenigsten von ihm wissen wollen. Die Schreckensherrschaft der Katzen besteht nicht darin, dass sie sich ständig auf die aufgeschlagene Zeitung legen, und zwar genau auf die Stelle, die man gerade lesen möchte, sondern vielmehr in dem Schuldgefühl, das einen bereits in dem Augenblick befällt, in dem man das arme Tier verjagt.

Kein anderes Tier und schon gar kein Mensch kann in uns dieses Gefühl von Unvollkommenheit wachrufen und uns zur Überzeugung gelangen lassen, dass die Liebe nie groß genug sein kann, um erwidert zu werden. Das kann nur eine Katze. Katzen trampeln auf Seelen herum, und das mit einer Leichtigkeit, die jedem anderen Wesen schlecht bekommen würde. Und kommt man endlich zum Schluss, es müsse auch ein Leben ohne Katze geben, kriecht sie einem auf den Schoß und hält dort Séance: ein wohlgezielter kleiner Stups mit dem Kopf, und man ist wieder für Wochen um die Pfote gewickelt.

Diese Kombination aus Abgott und Quälgeist macht eine Katze so unwiderstehlich. Ein Gral auf Pfoten, ja, das ist sie, das herrlichste Joch, unter dem man seufzen kann.

Der Wolf

Kein Zweifel: In den Niederlanden wohnen auffallend viele Hunde. Alle haben sie vier Beine, zwei Ohren und einen Schwanz, aber damit erschöpfen sich die Gemeinsamkeiten. Offensichtlich gibt es Aberhunderte verschiedener Hunderassen: Langschnauzige und Flachnasige, Sabberer und Beißwütige, trippelnde Beistelltischchen und wandelnde Kleiderschränke. In der Paarungszeit allerdings lässt sich ihre Verwandtschaft kaum verleugnen. Dann klammern sich Dackel keuchend an die Beine von Bernhardinern und verliebte Dänische Doggen zerquetschen gnadenlos kleine Schoßhündchen. Dennoch gehören die Welpen, die aus solchen Verbindungen hervorgehen – ob man's glauben will oder nicht – zu ein und derselben Tierart: dem Hund.

Nirgendwo wurde das Artbewusstsein von Mensch und Hund derart auf die Probe gestellt wie in Amerika. Die weißen Kolonisten trafen auf die ihnen unbekannte »Mitmensch-Art« Indianer und die Hunde auf ihren in Europa fast schon ausgestorbenen Ahnen, den Wolf. Die Kolonisten weigerten sich, die Indianer als ihresgleichen anzusehen. Sie schossen sie ab wie Kaninchen. Nach zwei Jahrhunderten waren von den Ureinwohnern des Kontinents kaum noch welche übrig. Das galt für die Indianer wie für die Wölfe. Die Ausrottung beider ging in einem Aufwasch. »Nur ein toter Indianer ist ein guter Indianer«, sagte General Sheridon. Und ein rechtschaffener Amerikaner war der Ansicht: »Nur ein toter Wolf ist ein guter Wolf.« In Massachusetts verurteilte ein Gesetz jeden zu einem

Bußgeld, der in der Stadt unnötig auf wilde Tiere schoss, es sei denn, es handelte sich dabei um einen Indianer oder einen Wolf. In den meisten Staaten gab es für den Abschuss eines Wolfes sogar eine ansehnliche Prämie. Goldene Zeiten für Kopfgeldjäger; so manches Einkommen bezahlten Millionen Wölfe mit ihrem Leben. Sie wurden in Fallen gefangen, erschlagen, stranguliert, vergiftet, erwürgt, oder man ließ sie einfach verdursten. Die meisten starben an Strychnin. In ganz Amerika lag vergiftetes Aas aus. Nicht nur Wölfe starben daran, sondern auch Adler, Pferde und Kinder. Egal. Der Mensch hasste nun mal die Wölfe, verbrannte sie bei lebendigem Leibe, riss ihnen die Kiefer heraus und zerschnitt ihnen die Achillessehnen.

Und wie verhielten sich die Hunde dabei? Schauten sie tatenlos zu, als der Wolf, ihr Artgenosse und Ahn, ihr eigen Fleisch und Blut, zur Hölle geschickt wurde? Mitnichten. Sie beteiligten sich eifrig daran. Wenn der Mensch einen guten Bundesgenossen beim Abschlachten der Wölfe hatte, dann war das der Hund. Hunde spürten die Wölfe auf, Hunde sprangen den Wölfen an die Kehle, Hunde ließen sich von den Wölfen buchstäblich zerreißen, nur um dem Menschen gefällig zu sein. Für ein Streicheln und einen Knochen zur Belohnung verriet der Hund seinen Artgenossen. Jagdhunde, die sogar in einem Pudel noch einen Mithund erkannt hätten, vergriffen sich am Hund der Hunde, als wär's ein Fremder. Dennoch war das Band noch nicht vollständig gerissen. Trotz zehntausend Jahren der Entfremdung erkannten sich Hund und Wolf in der Paarungszeit wieder. Doch gerade dann schlug das Schicksal besonders hart zu. Es nahm läufige Hündinnen in seine

Dienste. Die Viehzüchter lockten mit den Hündinnen Wolfsrüden an. Am geilen Geruch erkennt ein Wolf sein Familienmitglied. In einem uralten, unausweichlichen Ritual besteigt er das blasse Abbild seiner selbst. Bei allen Hundeartigen schwillt die Eichel des Männchens im Körper des Weibchens so stark an, dass das Glied nicht mehr herausgleiten kann. Ungefähr zehn Minuten lang hängt der König der Prärie wehrlos an seinem weiblichen Gegenpart fest. In der Natur rechtfertig das Ziel des Fortbestands der Art dieses Risiko in jedem Fall. Aber nicht, wenn Verrat im Spiel ist. Innerhalb dieser zehn Minuten taucht plötzlich ein Mann auf und erschlägt den Wolf mit einem Knüppel. Danach streichelt er die Hündin. Dankbar blickt sie zu ihrem Herrn auf.

»Gut gemacht«, sagt dieser. »Brav bist du, Bruta, brav.«

Die fliegende Katze

Der anrührendste Anblick, den ich kenne, ist der Gesichtsausdruck einer Katze, die gerade beim Scheißen ist. Unschuldiger als jedes Lamm. Als ob sie von Tuten und Blasen keine Ahnung hätte. Sie starrt vor sich hin, als wüsste sie nicht, was sich hinter ihr abspielt. Und kein Schauspieler hat je dem Zustand des Erstaunens trefflicher Ausdruck verliehen als eine Katze, die sich umdreht und dort der Bescherung ansichtig wird. Verärgert macht sie Anstalten, die Schweinerei zu verbuddeln, während sie im Stillen denjenigen verflucht, der ihr das eingebrockt hat. So was tut man doch nicht, oder?

Diesen Ausdruck der Verärgerung kenne ich. Man sieht ihn häufig auf den Gesichtern von Nachbarn, die gerade die Exkremente der Nachbarkatzen aus den Rosenrabatten harken. Nachbarn mit Rosenrabatten halten Katzen für extrem dreckige Viecher. Nachbarn mit Rosenrabatten haben in diesem Punkt Unrecht. Katzen sind extrem saubere Tiere. Sie verrichten ihre Notdurft nämlich deshalb in Nachbars Garten, weil sie den eigenen Garten nicht beschmutzen wollen. Vorausgesetzt, der nachbarliche Garten ist sauber. Ein schmutziger Garten ist für eine Katze so schlimm wie ein schmutziges Katzenklo. Und deshalb blicken meine Katzen auch dankbar und zufrieden drein, wenn mein Nachbar die Schweinerei endlich aufräumt. Es wäre doch glatt eine Beleidigung, wenn man dieser freundlichen Geste nicht gleich wieder Taten folgen lassen würde.

Und außerdem sollten Nachbarn gottfroh sein, dass Katzen nicht fliegen können. Man stelle sich vor: Zwei Millionen Katzen fliegen in niedriger Höhe über unser Land dahin und lassen eine Scheißkanonade über Rosenrabatten, Parkplätze und frisch frisierte Nachbarköpfe samt Ehefrauen regnen. Das bleibt ihnen immerhin erspart, denn fliegende Katzen gibt es nur in Südostasien. Und das sind nicht einmal richtige Katzen. Die Flederkatzen sind mit den Fledermäusen verwandt. Nachts gleiten sie mithilfe ihrer Flughaut von Baum zu Baum, und tagsüber hängen sie kopfunter an einem Ast. Sie schietern nicht während des Fliegens, sondern während des Hängens, was einige Schwierigkeiten bereitet. Um sich nicht selbst zu beschmutzen, verharren sie mit ängstlich an den Rücken gepresstem Schwanz für einen Augenblick in einer ungewöhnlich waagrechten Haltung und lassen ihre Last fallen. Sie selber kommen ungeschoren davon, nicht aber die Menschen, die unter ihnen wohnen. Doch die beklagen sich kaum darüber. Die Natur ist nun einmal so.

Warum aber sind meine Nachbarn nur so wütend auf mich? Ich habe die Katzen doch nicht in ihre Rosenrabatten geschickt! Nein, das nicht, aber ich kann nicht leugnen, dass es meine Katzen sind. Und so wenig, wie man seinen Kindern erlaubt, in die Gärten anderer Leute zu kacken, darf man das seinen Katzen zugestehen. Ich bin meines Katers Hüter.

Wie aber ist das mit den Tieren in diesem Land, die fliegen können: den Vögeln? In den Niederlanden gibt es 50 Millionen davon, und also auch 50 Millionen Schließmuskeln, die sich öffnen und wieder schließen. Wer ersetzt mir meine Jacke, wenn sie voll gekackt ist? Die Vögel nicht, das ist klar, die können ja nichts dafür, aber man fragt sich, wer dafür verantwortlich ist, dass derart viele Vögel den niederländischen Luftraum durchkreuzen? Des Vogels Hüter: der Vogelschutz. Er hängt Nistkästen auf, setzt Raben aus, lässt Kiebitzeier liegen und hetzt die Bevölkerung dazu auf, Fettknödel und Erdnussgirlanden aufzuhängen, damit diese nicht viel später in Form weißer Klopse auf die großherzigen Spender niederklatschen. Wozu so eine Institution wie der Vogelschutz? Gewissenhaft überweise ich meine vierzig Gulden pro Jahr, aber ersetzt der Verein mir deshalb meine Jacke im Wert von hundert Gulden, wenn diese zuschanden geschissen ist? Keine schlechte Idee, den Vogelschutz für Vogelschäden an der niederländischen Bevölkerung aufkommen zu lassen. Doch der Vogelschutz würde angesichts einer solchen Forderung entgegnen, dass man sich an diesen herzigen Tierchen doch auch erfreue? Denkste. Erklären Sie das mal meinem Nachbarn! Im Grunde müsste der mich fürstlich dafür entlohnen, dass ich ihm den anrührendsten Anblick verschaffe, den ich kenne: den Gesichtsausdruck einer Katze, die gerade beim Scheißen ist. Den liefere ich ihm gratis. Als Nachbarn gönnt man sich doch was.

Der Pudel

Jede Rolle des Menschen in der Gesellschaft erfordert passende Kostüme und Requisiten. Die Inneneinrichtung seines Hauses sagt oft mehr über einen Menschen aus, als es ein langes, tiefsinniges Gespräch könnte. Um zu zeigen, welche Person man gern gewesen wäre, ist das Interieur eines Hauses aber denkbar ungeeignet, weil man dazu die Leute alle zu sich einladen müsste. Deshalb sind Gegenstände, die man mit auf die Straße nehmen kann, bessere Statussymbole. Dumme Leute nehmen dazu ein Auto. Wer einen Buick fährt, fährt seinen Charakter für alle sichtbar spazieren. Dass sein Image ihn eine Menge Geld kostet, ist ihm egal. Andere dumme Leute verlassen sich deshalb eher auf ihre Garderobe als auf Requisiten. Ein Mantel, eine bestimmte Art Jackenrevers oder eine Krawattennadel reichen aus, um klar zu machen, wes Geistes Kind man ist. Leider ist Mode nur selten praktisch. Wer seiner Persönlichkeit mit Textilien Ausdruck geben will, muss sich mit einer Krawatte würgen, die Taille mit einem Gürtel quetschen oder sich die Füße durch hohe Absätze verkrüppeln. Intelligente Leute machen das ganz anders, die nehmen einen Hund dazu.

Hunde sind billig, und außerdem kann man Mode-Nebenerscheinungen wie Würgen, Quetschen und Verkrüppeln dem Tier überlassen, welches man als lebendiges Aushängeschild einige Male pro Tag ausführt. Es ist deshalb auch kein Zufall, dass die Lebewesen an beiden Enden der Leine einander so ähnlich sind. Schließlich hat Herrchen sein Alter Ego im Rassekatalog nach seinem Bild ausgesucht. Die Soziologin Janneke Leunissen stellte fest, dass sich unter den Liebhabern von Afghanen auffällig viele Exzentriker und Homosexuelle befinden. In Begleitung eines Briard sehe man überdurchschnittlich viele gut gekleidete Personen in den Dreißigern, und ein hoher Prozentsatz älterer Damen halte sich Rassen wie Papillon, Malteser, Brabançon und Japanischen Spaniel. Bouvier und Boxer fänden sich oft in Gesellschaft extrem »cooler« Typen, ihrem Äußern (Lederjacken) wie ihrem Verhalten nach. So findet sich jedes Vorurteil bestätigt, und nichts anderes hatten Herrchen und Frauchen im Sinn.

Bleibt noch ein Problem: der Pudel. Was in Himmels Namen will uns ein Mensch sagen, der sich in aller Öffentlichkeit mit einem Pudel zeigt? Dass es ihm an gutem Geschmack mangelt? Welchen Zweck hat diese Perücke auf vier Beinen, dieses allzeit muntere und aufgeweckte Beistelltischchen (auch als Satz lieferbar übrigens), bei dem mehr als bei jedem anderen Hund das Wort Anwendung verdient, für das es sonst keine Entschuldigung gibt: brav. Zoologisch betrachtet, muss man die Pudel zwar zu den Hunden rechnen, soziologisch aber gehören sie in die Kategorie Bonbonschachteln: zusammen mit Sissi (Kaiserin und Mutter), rosafarbenem Tüll und Rudolf Mooshammer.

Weshalb sind Pudel überhaupt auf der Welt? Jedenfalls nicht wegen der Hundeliebhaber. Dass sich unter dem wandelnden Muff überhaupt ein Hund versteckt, wird erst sichtbar, wenn der Hundefriseur mal nachsieht. Im Hundesalon wird auch die Funktion des Pudels offenbar. Er ist das Symbol für die Unterwerfung der Natur durch den Menschen. Beim Pudel nämlich wird nicht am äußeren Erscheinungsbild der Rasse herumgebosselt, sondern am Hund selber. Man hantiert so lange mit Scheren, Lockenzangen und Trimmern, bis der Hund als solcher gar nicht mehr wiederzuerkennen ist. Trotz allgemeiner Loblieder auf Mutter Natur scheint dieses eine Stück Natur wohl erst nach gründlicher Umarbeitung und Restaurierung Zustimmung gefunden zu haben. Am Pudel lässt sich am besten erkennen, wie das Tierreich ausgesehen hätte, wenn der Mensch bei der Schöpfung ein Wörtchen mitzureden gehabt hätte. Man kann nur raten, was er mit dem Rest der Natur angestellt hätte. Eines aber ist sicher: Ich wäre dann gewiss nicht Biologe geworden.

Die Hauskatze

Der niederländische Dichter Rudy Kousbroek schrieb einmal, nichts sei so schlimm wie sich in einem Haus auszukennen, das es nicht mehr gibt. Ob es schlimmer ist, weiß ich nicht, aber es ist zumindest nicht weniger schlimm, sich in einem Stück Natur auszukennen, das unwiederbringlich verloren ist: in Gedanken den Weg an der Buche vorbeizugehen, die nicht mehr steht, über das sandige Brachland zu schleudern, wo sie jetzt das Haus gebaut haben, oder auch nur am vergessenen Stück Nichts vorbei, aus dem mit ebenso viel Hingabe wie Gedankenlosigkeit ein Naturlehrgarten gemacht worden ist. Kousbroek schweigt sich darüber aus, weil er von der Natur nicht viel hält. Seiner Meinung nach passiert in der Natur immer dasselbe; für ihn ist sie so was wie ein kaputter Fernsehapparat.

Wir Naturliebhaber aber wissen es besser. In der Natur ist immer etwas los: Die oberste Naturschutzbehörde verwandelt die lauschigsten Lichtungen in Parkplätze, zahme Fasane werden durch zahme Kühe ersetzt, und statt brütender Vogelpaare zählt man heute besser die Biologendichte pro Hektar. Wo einst natürliche Selektion herrschte, regiert nun die Attraktivität des augenblicklich Angesagten. Das ist schon lästig für die Menschen, aber noch viel lästiger für die Tiere, die dort leben müssen.

Die Natur unserer Hauskatze ist die Wohnung. Wird darin etwas verändert, mag die Katze das gar nicht. Katzen mögen keine Veränderungen. Dürfte eine Katze wählen, dann stimmte sie immer für die konservativste Partei eines Landes – oder für Schlimmeres. Stellt man die Stehlampe in eine andere Zimmerecke, kann eine Katze dies so wenig begreifen, als hätten die Bäume im Wald plötzlich ihre Plätze getauscht. Wo soll das auch enden, wenn sich die ganze Welt um einen herum ständig ändert? Es hat die Katze schon genug Mühe gekostet, das Haus kennen zu lernen und von einem Zufluchtsort auf dem Schrank oder unter dem Lehnstuhl aus Schritt für Schritt alles zu erkunden und sich zu Eigen zu machen. Dabei hat sie jedes Stuhlbein mit Duftmarken aus den Drüsen am Kopf oder in hartnäckigen Fällen auch mithilfe der Blase markiert.

Die Qualität dieser Duftmarken wird regelmäßig kontrolliert, am besten mit beiden Nasen gleichzeitig: mit der normalen Nase vorn an der Schnauze und mit der Hilfsnase im Maul am Gaumen. Menschen haben so eine Hilfsnase – das Jacobson-Organ – leider nur als Embryo, was unsere Kommunikation mit den Katzenwesen zwar nicht erleichtert, uns dafür aber vor blöden Grimassen bewahrt. Nie macht eine Katze ein dämlicheres, schieferes, aber auch anrührenderes Gesicht, als wenn sie unter Grimassenziehen versucht, mit ihrer Hilfsnase interessante Gerüche aufzunehmen. Dass die Katze diese Augenblicke der Würdelosigkeit in Kauf nimmt, beweist, wie wichtig es für sie ist, dass alles an seinem Platz steht. Wie wichtig es wirklich ist, wird klar, wenn man ein Tischchen weggestellt hat, ohne dass die Katze es merkte, und sie gerade in einem Affentempo und in der festen Überzeugung, alle *stepping stones* seien noch da, durchs Zimmer jagt. Dann gibt es was zu lachen!

Außerhalb des Hauses markieren Tiere ebenso hartnäckig. Hunde bepinkeln am Tag die Pfähle, die uns nachts als Straßenlaternen dienen. Nilpferde versprühen ihren Kot mithilfe ihres rasant rotierenden Schwänzchens, als wären sie ein lebendiger Gülletank, was in den Zoos immer wieder Anlass zu allgemeiner Heiterkeit ist, wenn sich Besucher zu nahe an den Zaun wagen.

Ein Katzenbesitzer, der – vom Frühling oder der Mode getrieben – anfängt, Tische, Stühle und Schränke zu verrücken, ist ein Tierquäler. Am besten bleibt alles, wo es steht; das ist gut für Ihre Katze und gut für Ihren Rücken. Und was für das Haus als Ganzes gilt, gilt noch mehr für das Katzenterritorium aller Katzenterritorien: unseren Schoß. Hat eine Katze sich erst einmal auf Ihrem Schoß niedergelassen, dann haben Sie nicht mehr aufzustehen, es sei denn, Sie befänden sich in Lebensgefahr. Nichts ist für eine Katze schlimmer, als sich in einem Schoß auszukennen, den es nicht mehr gibt, weil er sich urplötzlich in zwei einzelne Oberschenkel verwandelt hat.

Das Fingertier

Was nützt einem schon der Rücken: nichts. Er hat weder Augen noch wächst Geld drauf. Als wir noch auf vier Beinen gingen, hatte der Rücken eine Funktion. Er war das Gestell, an dem die inneren Organe aufgehängt waren, ordentlich nebeneinander aufgereiht wie Schinken in der

Vorratskammer. Als wir den aufrechten Gang erprobten, sackten die Organe in unser Bäuchlein, und der Rücken lieferte nur noch einen Grund, in Frühpension geschickt oder vom Militärdienst befreit zu werden. Dabei hat unser Rücken es wirklich schwer. Ein kleiner Test beweist das.

Man nehme einen Hund, eine Katze oder wahlweise auch einen Elefanten und vier Waagen. Sodann stelle man jeweils eine Pfote des Hundes, der Katze oder wahlweise des Elefanten auf jede Waage und lese das Resultat ab. Sie werden sehen, dass die Vorderpfoten deutlich mehr Gewicht tragen als die Hinterpfoten. Und zwar, weil sie nicht nur die Hälfte des Rumpfes, sondern auch noch den Kopf schleppen müssen. Seit wir aufrecht gehen, tragen unsere Hinterpfoten – dank unseres Rückens – mehr als das Doppelte des ursprünglich beabsichtigten Gewichts. Zum Glück sind die hinteren Pfoten in der Regel stärker ausgebildet als die vorderen, weil sie bei den Vierbeinern zudem für die Fortbewegung sorgen müssen. Folglich sind die Vorderpfoten dazu da, den Körper mitzutragen, während die Hinterpfoten ihn vom Fleck bewegen sollen. Der Rücken braucht eigentlich gar nichts zu tun, das heißt, solange man nicht aufrecht geht.

Als der Mensch sich aufrichtete, befreite er seine vorderen Gliedmaßen von jeglicher Traglast. Vorderfüße wurden zu Händen, Vorderbeine zu Armen. Seither leben wir von der Hand in den Mund: Wir greifen unsere Nahrung und führen sie zum Mund, was im Tierreich ziemlich ungewöhnlich ist; die meisten Tiere müssen das Maul mitsamt dem Kopf in Richtung Nahrung bewegen, was zugegebenermaßen etwas unbeholfen aussieht.

Dank des langen Armes ist die Hand ein Abgesandter des Körpers, ein tastender Vorposten, der die Umgebung erkundet. Hände können etwas, was die Augen nicht können: nämlich um die Ecke gucken oder im Dunkeln etwas erkennen. Man kann sich die Hände auch geben und schütteln. Obwohl es gar nicht so weit zu kommen braucht. Manches Volk hebt zum Gruß lediglich die Hand und sagt: »Hugh!« Ian Frazier schreibt, dass die Indianer die Gewohnheit der Weißen, sich zur Begrüßung die Hand zu geben, lächerlich fanden: »Manchmal sah man zwei Indianer aufeinander zugehen und sich mit ernster Miene die Hand geben, worauf sie sich unter brüllendem Gelächter auf dem Boden wälzten.« Dennoch ist das Händeschütteln eine treffliche Art, sich zu begrüßen. Man kann den anderen von Herzen willkommen heißen und ihn gleichzeitig auf zwei Armlängen Distanz halten.

Viele Menschen verdanken den Händen anderer sogar ihr Leben. Den Händen eines Chirurgen in den meisten Fällen. Chirurgen wissen das. Ein honoriger Vertreter dieser Zunft erklärte bei einem Vortrag einmal, die Hand sei das schönste Instrument eines Chirurgen. Worauf ein Zuhörer seinem Sitznachbarn zuflüsterte: »Kunststück, ist auch ungefähr das Einzige, was der alte Trottel noch nicht in einer Bauchhöhle vergessen hat.«

Nach diesem Loblied auf die Hand hat man Mitleid mit seiner Katze. Das arme Tier, denkt man, kann noch nicht mal allein eine Dose Katzenfutter öffnen. Aber das sieht nur so aus. Selbstverständlich hat Ihre Katze einen Dosenöffner, und sie kann ihn auch mühelos bedienen: Sie selber.

Der Labrador

Menschen essen schon seit geraumer Zeit. Dennoch rückt das Essen immer noch in bisher unbekannte Bereiche vor. Restaurants sind übervoll, das Bier in der Kneipe wird im Essensdunst schal, und zu Hause dienen die Bücher nicht mehr zum Lesen, sondern zum Kochen. Immer mehr Menschen sieht man am Steuer ihres Wagens essen.

Eigentlich sollte man es zusammen tun: Gemeinsam essen ist die zeitraubendste Art von Geselligkeit. Bis man genauer hinschaut. Nutzen Sie doch heute Abend mal die Gelegenheit und beobachten Sie den Esser Ihnen gegenüber genau. Konzentrieren Sie sich auf seinen Mund. Schauen Sie, wie er kaut. Lassen Sie sich keinesfalls von Ihrem Menü oder dem Geplauder um Sie herum ablenken. Schauen Sie hin! Um Himmels willen!

Ein Kiefergemahle, ein Lippengestülpe, ein zäher Fluss von Säften ist das! Auch wenn exzessives Schlürfen und Schmatzen durch die Etikette weitgehend unterbunden sind, geht das Kauen doch nie vollkommen geräuschlos vor sich. Es bleibt ein physiologischer Prozess mit allem Schleimhautmäßigen und Speicheligen von ehedem. Schauen Sie ruhig weiter hin! Sehen Sie, wie sich die Zunge vor jedem Bissen wie eine Schnecke gierig vorschiebt, um den Bissen mit Speichel zu umhüllen, wie die fettigen Lippen den Löffel umschließen, wie der Adamsapfel wollüstig wippt? Und dann soll man während des Essens noch Konversation betreiben. Sprechen und Essen gleichzeitig, das bedeutet zweierlei: Entweder man spricht mit vollem

Mund oder man lässt sein Essen kalt werden. Fortgeschrittene trinken dabei sogar noch etwas.

Aber für das alles gibt es eine Lösung: Schauen Sie fern, während Sie essen. Moderatoren moderieren nie mit vollem Mund, denn beim Fernsehen wird entweder vor oder nach der Sendung gegessen. Studios unterhalten zu diesem Zweck Kantinen. Trotz aller Kritik am Fernsehen sind die meisten Sendungen besser als die Konversation, die üblicherweise in guten Restaurants oder bei einer vierköpfigen Familie am Tisch geführt wird. Ein gutes Restaurant hat Steinbutt mit TV auf der Speisekarte stehen.

Wollen Sie wirklich mal jemanden sehen, der appetitlich isst, dann füttern Sie ein Tier. Brotkrümel für die Enten, Sonnenblumenkerne für die Vögel, Milch für die Katzen: ein ergötzlicher Anblick. So wenig wie den Hintern brauchen sich Tiere den Mund abzuwischen, ihre Physiologie ist für diese Zwecke vollkommen ausgebildet. Mit einer einzigen Ausnahme: dem Hund.

Hunde schlingen nämlich. Sie hauen sich ihr Fressen rein, als schütteten sie Kohlen in den Kohlenkeller: ein paar Schlabbergeräusche, eine hin- und herflitzende Zunge, und weg ist es! Belämmert starrt der Hund dann in den Napf und schließlich fragend zu seinem Herrchen empor, verblüfft, wo die ganze Chose geblieben ist. Warum kann ein Hund sein Fressen nicht genießen? Weil er eine schlechte Ausführung des Modells Wolf ist! Wölfe müssen mit anderen Wölfen um die Beute kämpfen und sind deshalb darauf programmiert, in kürzester Zeit so viel wie möglich zu fressen. Als man den Hund entwickelte, vergaß man, dieses Programm zu löschen. »Na ja«, denkt sich das

Herrchen, »er hat halt Hunger!« Und gibt ihm noch einen Nachschlag. Ein Labrador zum Beispiel könnte auf diese Weise ein Zehntel seines Gewichts verschlingen und natürlich dementsprechend zunehmen. Kein ergötzlicher Anblick, so was.

Weil Hunde nun einmal schlingen, haben sie ein geringeres Geschmacksvermögen. Ihre Zunge weist fünfmal weniger Geschmackspapillen auf als unsere. Zeigt ein Hund trotzdem eine Vorliebe für ein bestimmtes Nahrungsmittel, dann liegt das meist nicht am Geschmack, sondern an der Konsistenz, das heißt daran, wie es sich auf der Zunge anfühlt. Die größte Freude macht man einem Hund deshalb auch mit einem Knochen, mit Dosenfutter, Keksen oder einem nicht zu frischen Scheißhaufen. Abgesehen natürlich von einem Happen Postbote ab und zu.

Der Schäferhund

Eine Schäferkatze gibt es so wenig wie eine Bernhardinerkatze. Das ist schade. Es müsste herrlich anzuschauen sein, wie eine Katze eine Herde Mäuse hütet: Hier ein Tick mit der Pfote, dort ein warnendes Miau, ab und zu eine freche Maus am Schwänzchen gepackt. Es ist uns nicht vergönnt. Eine Katze ist nun mal ein Raubtier. Happ, happ, happ, und weg ist die Maus! Aber Schäferhunde gibt es. Eifrig treiben sie für ihren Herrn die Schafe zusammen, ohne ihnen eine Schafslocke zu krümmen. Das ist merkwürdig: Denn auch ein Hund ist ein Raubtier. Nein, ein Schäferhund ist nicht ganz richtig im Kopf: Ihm ist ein Streicheln seines Herrn lieber als ein Happen Schaf.

Der Hund aller Hunde ist der Deutsche Schäferhund. Hundigere Hunde gibt es nicht. »Hglhglhglhglhgl.« Der Deutsche Schäferhund erfreut sich denn auch uneingeschränkter Beliebtheit. Seit Bestehen der Rasse gab es anderthalb Millionen rassereine Exemplare. In den Buchläden stehen dutzende von Gebrauchsanweisungen. Darin erklären die Autoren unisono, dass sich der Diensteifer dieser Lieblinge vor allem aus den Charaktereigenschaften der Rasse ergebe, die da seien: Standhaftigkeit, Aufmerksamkeit, Unbefangenheit, Treue und Unbestechlichkeit. Für das »Große Buch der Hunderassen« ist der Deutsche Schäferhund »ein Musterbeispiel an ungebändigter Kraft. (...) Er pflegt entschlossen anzugreifen, wenn sein Herr ihn dazu auffordert.«

Mit den Deutschen Schäferhunden ist es wie mit den Schlangen: Der Charakter bestimmt das Äußere. So wie man Schlangen immer glitschig nennt, obwohl ihre Haut staubtrocken ist, hat der Schäferhund, mit unserem geistigen Auge betrachtet, immer blonde Haare und blaue Augen. Ein Deutscher Schäferhund ist der arischste Hund unter den Hunden. Das ist kein Zufall. Ein Herr Rittmeister von Stephanitz unternahm es Anfang des zwanzigsten Jahrhunderts, diese Rasse aus einer Mischung aller möglichen Rassen herauszuzüchten. Und Stephanitz war ein Rassist reinsten Wassers. Unter seiner begeisternden Führung und gemäß der Losung »Auch die Hundezucht soll dem Vaterland dienen« erhielt der Deutsche Schäferhund mit dem ersten offiziellen Vertreter seiner Rasse, dem Rüden Horand von Grafrath, den man auch heute noch »für seine Zeit sehr edel« nennt, den stolzen Gang und die gerade Nase. Auf dem Begräbnis des Rittmeisters 1936 bellten siebenhundert Schäferhunde auf Kommando ein Trauerlied.

Die Position des Ersten Schäferhundes von Deutschland nahm damals Blondi ein, Adolf Hitlers Liebling. Wenn Eva Braun in ihrem eigenen Bettchen schlafen musste, lag Blondi genüsslich im Schlafzimmer des Führers von Frau und Hund und schnarchte. Adolf liebte Hunde. Mit diesem Vorbild vor Augen stieg die Anzahl der Äste des Deutschen-Schäferhund-Stammbaums trotz Krieg und anderer Schwierigkeiten von zwölftausend im Jahr 1940 auf vierundzwanzigtausend im Jahr 1945. Im Frühjahr 1945 setzte Adolf täglich sein Leben aufs Spiel, um Blondi eine halbe Stunde aus dem Bunker zu lassen, bis er schließlich, als die Befreier vor der Tür standen und er keinen Ausweg mehr sah, zuerst seinen Hund und dann sich selber vergiftete. Sobald die Alliierten die Macht in Händen hatten, beschlossen sie zwei Dinge: Den Juden wurde das rituelle Schächten, welches 1933 als Tierquälerei verboten worden war, wieder erlaubt, und die jährliche Kür zum Deutschen-Schäferhund-Meister wurde in getrennten Besatzungszonen abgehalten: eine in der amerikanischen und eine in der britischen. Vom ideologischen Makel konnte das den Deutschen Schäferhund allerdings nicht befreien. Noch immer passt kein Hund besser zu einer Uniform als dieser eingeschworene Kamerad von Armee und Polizei. Nicht umsonst hat Rittmeister von Stephanitz dieser Sache siebenunddreißig Jahre seines Lebens gewidmet. Noch immer werden jedes Jahr auf der Siegerhauptzuchtschau Rüden und Hündinnen wie Halla von der Sturmwolke und Babsi von Schloss Westhusen dank ihres hervorragenden Blutes und ihres Adels zu Sieger und Siegerin gekürt.

Aber es gibt einen Ausweg für Leute, die mit Militarismus und Heldenmut nichts am Helm haben. Es existiert eine ausländische Version des Deutschen Schäferhundes: der Belgische Schäferhund.

Der Köter

Köln versprach, 'ne Wucht zu werden. Dort gibt's 'ne Riesenkirche und an jeder Ecke was zu gluckern. Aber am meisten reizte ihn die Reise. Weil die Eisenbahngesellschaften Reisende in so einem internationalen Schnellzug zu hübschen Bündeln schnüren, ein bis acht Mann pro Abteil, in der ersten Klasse ein bis sechs.

Gemächlich wie ein versierter Freier, der sich auf dem Strich in aller Ruhe erst mal alle Hürchen beschaut, schlenderte er den Gang entlang und studierte den Inhalt jedes Abteils genau. Abteile mit Teenagern fielen gleich weg – ein einziger junger Mensch kann ein ganzes Abteil verderben –, ebenso wenig kamen das Abteil mit dem Walkman und das mit der dicken Dame in Frage. Gerade wollte er sich der ersten Klasse zuwenden, da sah er sie: die Idealfrau. Groß, welliges Haar und auf ihrem Antlitz eine Orgie von

Sommersprossen. Einsam und allein füllte sie das Abteil mit ihrer Schönheit. Diese Augen! Diese Nase! Diese Lippen! Wie Bernadette die Heilige Jungfrau oder ein Backfisch sein erstes Pferd, so starrte er sie an.

Einen Moment zu spät bemerkte er, dass er sich doch ein bisschen zu cool gab, als er die Abteiltür aufzog. Und einen weiteren Moment viel zu spät entdeckte er ihren Köter. Direkt hinter der Tür, unsichtbar für jeden, der nur durch die Scheibe sah, lag so was wie ein Hund und starrte ihn mit glühendem Blick an. Die falschen Krokodilsäuglein schienen direkt über dem funkelnden Gebiss zu sitzen. Der Rest des Körpers war kaum der Rede wert und diente wahrscheinlich nur dazu, Zähne und Kiefer so rasch wie möglich dorthin zu bringen, wo es etwas zu zerbeißen oder auseinander zu fetzen gab. Es war ein Pitbull, keine Frage.

Der Mann suchte sich einen Platz so nah wie möglich bei der Frau und so weit wie möglich vom Hund entfernt. Der Hund suchte sich einen Platz so nah wie möglich bei dem Mann und so weit wie möglich von der Frau entfernt. Der Hund gewann.

Der Zug setzte sich in Bewegung, und der Mann hörte nicht auf, die Frau anzugaffen. Er betrachtete sie von oben bis unten, ohne einen Makel zu entdecken. Das war eine Frau aus der Zeit vor dem Sündenfall. Der Mann war sofort verliebt, verzaubert, gerührt, besessen.

Die Frau schien dieses Angestarrtwerden nicht im Mindesten zu stören. Den Hund schon. Sabbernd beobachtete er den Mann, als wäre er ein Kaninchen.

»Schönes Wetter, nicht wahr?«, sagte der Mann.

»Grrr«, antwortete der Hund.

»Geht so«, murmelte die Frau.

Eine Pause entstand. Es geht nur über den Hund, sagte sich der Mann.

»Was für ein liebes Hündchen«, log er.

»Grrr«, widersprach der Hund und fügte sicherheitshalber noch ein »Grrr« hinzu.

Der Mann hatte ihn durchaus gehört. Ein Hund, zum Teufel aber auch! Ein Hund war auch der Grund gewesen, dass es mit ihm und seiner Annabeth schief gegangen war, weil sie immer wollte, dass der Hund im Bett schlief, was ihrer beider Liebesleben nicht förderlich war: »Entweder er oder ich!«, hatte er schließlich gerufen. Das war keine gute Idee gewesen.

Das Gespräch wurde wieder aufgenommen. Diesmal vom Hund.

»Grrr«, sagte er.

»Das hast du schon gesagt«, witzelte der Mann.

»Mhmm?« Die Frau schaute auf und zog den Hund näher zu sich. »Der Herr tut dir doch nichts, Rambolein«, sprach sie beruhigend auf ihn ein. »Stimmt doch, oder?«, wandte sie sich jetzt mit perlendem Lachen und perfektem Colgate-Gebiss dem Mann zu. Der Hund grinste sein Dentagard dazu. Der Unterschied zwischen einem Alles- und einem Fleischfresser war deutlich zu sehen.

So nahm die Reise ihren Lauf. Jedes Kompliment an die Frau fasste der Hund als persönliche Beleidigung auf. Er stürzte sich sogar auf den Schoß des Mannes und fing an zu wühlen, als wäre er einem Maulwurf auf der Spur.

»Es ist Frühling, nicht wahr?«, bemerkte die Frau scharfsinnig.

»Ja, eine sehr schöne Jahreszeit«, sagte der Mann betreten.

»Grrr«, stieß der Hund nach.

Und dann kam Köln. Der Hund sprang aus dem Zug direkt auf einen Fitnessstudio-Typen zu, der die Idealfrau abholte. Die Idealfrau küsste den Fitnessstudio-Typen leidenschaftlich, und der Hund schlabberte mit. Der Mann fand den Anblick recht unappetitlich, änderte stehenden Fußes seine Meinung über Köln und fuhr mit dem nächsten Zug dahin zurück, woher er gekommen war.

Doch wahre Liebe lässt sich nicht so leicht verleugnen. Monatelang sahen die Schaffner jeden Sonntag denselben Mann im Frühzug nach Köln sitzen. Sie erkannten ihn am großen Paket unter seinem Arm: Rambo, köstliche Hundekekse.

Die heilige Katze

Von allen alten Hochkulturen war die ägyptische die höchste. Denn in Ägypten verehrte man die Katze als Gottheit.

Eine Katze werfe bei der ersten Geburt ein einziges Junges, beim zweiten Wurf seien es schon zwei, beim dritten drei und so weiter, bis sie beim siebten Wurf alles in allem achtundzwanzig Junge zur Welt gebracht habe. Das behauptet Plutarch. Herodot hingegen meint, eine Katze wolle schon nach dem ersten Mal nichts mehr von Katern wissen. Wenn diese sich also paaren wollten, raubten sie den

Weibchen die Jungen und bissen sie tot. Die Weibchen, die nicht gerne ohne Junge seien, seien also wieder auf die Männchen angewiesen. Plutarch und Herodot hatten beide keine Ahnung von Katzen. Schließlich waren sie alte Griechen, gerade gut genug, um Schüler zu quälen. Auch die alten Römer hatten mit Katzen nicht viel am Hut. Will man mehr über diese Tiere wissen, muss man die alten Ägypter zurate ziehen.

Eine Katze im alten Ägypten lebte wie Gott in Frankreich. Katzen aßen von denselben Tellern wie ihre Herrchen, trugen ihre eigenen Juwelen und wurden, wenn sie krank waren, liebevoll gepflegt. Herrenlose Tiere wurden mit in Milch eingeweichtem Brot und Fisch aus dem Nil versorgt, frisch zubereitet.

Trotzdem starben auch in Ägypten die Katzen irgendwann einmal. Dann wehklagten ihre Besitzer und rasierten sich zum Zeichen der Trauer die Augenbrauen ab. Die kleine Leiche brachten sie zum Mumienmacher. Auf diese Weise hofften sie, die Katze – wie es ja auch beim Pharao geschah – dem irdischen Kreislauf von Werden und Vergehen zu entziehen. Das gelang auch beinahe. Als man im 19. Jahrhundert große Katzengräberfelder entdeckte, waren die Mumien noch sehr gut erhalten. Allerdings wusste keiner so recht, was man damit machen sollte, und so wurden sie zermahlen und schließlich als Dünger doch wieder der Erde zugefügt.

Nur wenige Katzenmumien sind dieser posthumen Abschlachtung entgangen. Steif eingewickelt grinsen sie einem in Museen entgegen, als ob sie ein Geheimnis hüteten. Tun sie auch. Oder taten es zumindest. Denn als

Archäologen einige Katzenmumien aufwickelten, bot sich ihnen, wie man es beim Auspacken eines Päckchens ja auch erwartet, eine Überraschung: Die Tiere waren keineswegs alt und am Ende ihres Lebens gewesen, sondern im Gegenteil jung, nur wenige Monate alt. Sie waren nicht an Krankheit oder Altersschwäche gestorben, sondern man hatte sie erwürgt, wie an ihren Hälsen deutlich zu erkennen war. Kurz gesagt, die Katzen waren nicht mumifiziert worden, weil sie tot waren, sondern sie wurden getötet, weil man Mumien brauchte.

Offensichtlich töteten die für den Katzenkult verantwortlichen Priester massenhaft Katzen, um sie an fromme Ägypter zu verkaufen, ungefähr so, wie heutige Mönche auf der ganzen Welt kleine Christusfiguren an kleine Kreuze nageln, damit man sie sich übers Bett hängen kann. Damit der Markt nicht mit unverwüstlichen Devotionalien überschwemmt würde, warfen die Priester überzählige Katzenmumien hinter die Rhododendronbüsche: Das sind die Massengräber, die man heute immer mal wieder entdeckt. Und erst jetzt, beim Aufwickeln, offenbart sich der ganze Kaufmannsgeist der Priester: In einigen Mumien finden sich nämlich nur halbe Katzen oder sogar nur wenige Katzenknochen. So betrogen die alten Ägypter nicht nur die Menschen, sondern auch die Götter. Ja, das alte Ägypten, das war wirklich eine Hochkultur!

Federvieh

Der Fink

Im Zug wird einem nie langweilig. Man braucht nur mal die enorme Verschiedenheit von Nasen und Ohren zu betrachten, und man kommt aus dem Staunen nicht mehr heraus.

Nichts aber ist spannender als dem Reisenden, der einem gegenübersitzt, starr ins Gesicht zu blicken. Mehr nicht. Egal, was passiert, nicht den Blick abwenden! Erst wird der Beobachtete so tun, als merke er nichts; vielleicht umklammert er das Buch, in dem er gerade liest, nur etwas fester, obwohl kein gelesenes Wort mehr zu ihm durchdringt. Danach versucht er, den Augen durch Wechsel der Blickrichtung auszuweichen. Schnell wird aus dem bloßen Ausweichen eine Flucht. Wie eine Schlange in Lebensgefahr gleitet der Blick durchs Abteil. Aber auch im Innern Ihres Mitmenschen hat Ihr Schauen einiges ausgelöst. Sein Atem geht sichtbar schneller, das Herz rast, der Blutdruck steigt, Hormone stiften Unruhe, Muskeln gehorchen nicht mehr. Und das alles wegen eines einzigen Blicks. Das beweist, dass auch der Mensch über eine Fernbedienung verfügt.

Damit nicht zu viele Leute mit Herzklopfen und Hormonchaos durchs Leben gehen, verzichten wir weitgehend auf den Einsatz dieser Fernbedienung. An Bahnhofskiosken werden nicht deshalb so viele Zeitungen verkauft, weil Zugreisende übermäßig an den Nachrichten aus der Welt interessiert wären, sondern weil sie sich in den voll gepfropften Pendelzügen auf diese Weise leichter den Blicken der anderen entziehen können. In einem Lift ist das unmöglich. Dafür fehlt es in dieser Örtlichkeit an Zeit und Raum. So richten sich aller Augen über die Köpfe hinweg auf einen extra zu diesem Zweck angebrachten Zähler, der offiziell die Stockwerke anzeigen soll. Mit atemlosen Schweigen verfolgen die Liftpassagiere das Zu- oder Abnehmen der Etagenzahl. Mit großen Augen, als handle es sich um die Ergebnisse der Bundesliga. Einige halten das nicht aus und steigen früher aus als geplant.

Warum aber werden Menschen im Zug oder im Lift so schnell nervös? Was ist schuld daran? Nichts als eine Armlänge. Jeder Mensch trägt ein unsichtbares Territorium mit sich herum, in dessen Grenzen er keine Fremden duldet. Wer in dieses Territorium eindringt, ist entweder ein Arschloch oder ein innig geliebter Mensch. Hunde haben so was nicht. Die halten einander sofort die dreckigen Schnauzen unter die dreckigen Schwänze. Finken dagegen setzen sich in so regelmäßigen Abständen auf einen Zweig, als hätten sie es vorher ausgemessen. Die Distanz beträgt zwischen achtzehn und fünfundzwanzig Zentimeter. Ein Mensch ist gut und gern zehnmal größer als ein Fink, deshalb müsste der Abstand bei ihm ungefähr zwei Meter betragen. In dünn besiedelten Gebieten kommt das auch hin. Hier schütteln sich Fremde mit ausgestreckten Armen die Hand, aber in der Stadt ist diese Individualdistanz auf fünfzig bis hundert Zentimeter gesunken.

So eine Individualdistanz kann, wenn sie eingehalten

wird, sehr praktisch sein. Sie dient zur Konfliktvermeidung, steht aber wiederum dem Knüpfen von Kontakten im Weg, was sich besonders in der Paarungszeit schmerzlich bemerkbar macht. Finken müssen sich in dieser Zeit dumm und dämlich singen und ein ganzes Handbuch voller Balzrituale abspulen, nur um sich über die zwanzig Zentimeter Sicherheitsabstand zum Weibchen hinwegzuarbeiten. Ein anderes Mittel zur Verringerung des Individualabstands – auch außerhalb der Paarungszeit – ist der Alkohol. Mit jedem Zentiliter aufgenommenem Alkohol bewegen sich zwei Menschen um einen Millimeter aufeinander zu. Bald packen sie sich, ohne sich dessen bewusst zu sein, an den Schultern, was zudem das Umfallen verhindert. Besonders krass sind die Auswirkungen des Alkohols dann, wenn nur einer von beiden tüchtig gebechert hat und es dem annähernd Nüchternen vorkommt, als wolle ihm der Besoffene ins Ohr kriechen.

Zum Glück geht das Ganze auch ohne Alkohol. Mit einem Hund zum Beispiel. Diese Methode macht sich die Tatsache zunutze, dass der Individualabstand nur gegenüber Artgenossen gilt. Wenn sich zwischen zwei Finken eine Meise niederlässt, schert das die Finken überhaupt nicht, und das Gleiche gilt beim Menschen für den Hund. Eine Frau, die in einem Zug mithilfe ihres Hundes anbandeln möchte, lässt die Leine einfach länger als den Grenzradius von einem Meter baumeln. Wer jetzt die Frau streicheln möchte, kann mit dem Hund anfangen. Frauchen braucht dann nur langsam und allmählich die Leine einzuholen. Ein amüsanter Anblick. Vor allem, wenn die Frau anschließend vergeblich versucht, den Hund, der seine

Schuldigkeit getan hat, aus dem Techtelmechtel herauszuhalten.

Das Brathendl

Stellen Sie sich vor, Sie sind mit einem Vogelliebhaber verheiratet. »Frau«, sagt der Mann am Sonntagmorgen zu seiner Frau, »ich gehe Vögel beobachten.« – »In Ordnung, Jan«, antwortet die Frau. »Bist du zum Essen zurück?«

Nie sind es Frauen, die gerne Vögel beobachten. Eine gesunde Frau interessiert sich für Vögel so wenig wie fürs Angeln. Das alles überlässt sie lieber dem großen Jäger, ihrem Mann. Frauen beobachten keine Vögel, sie kaufen sie. Sie kennen die besten Plätze, wo man die Vögel erforschen kann: bei Aldi oder bei Tengelmann. Herr Aldi oder Herr Tengelmann erlauben nicht nur, dass man die Vögel berührt, man darf sie sogar zu Forschungszwecken mit nach Hause nehmen. Und zu Hause erhält man dann endlich Antwort auf die Frage, ob das Fleisch auch leicht federt und wie es schmeckt. Eine Frage, die sich in Wald und Flur wohl kaum stellt.

Manchmal kommen Vogelbeobachter fröhlich nach Hause. Dann haben sie einen seltenen Vogel vor dem Fernglas gehabt. Daraus lässt sich schließen, dass Vogelbeobachter in der Regel schlecht gelaunte Menschen sind. Oft bekommt man nämlich einen seltenen Vogel nicht zu Gesicht. Für den Vogel auf dem Teller können sie nur wenig Interesse aufbringen. Neben dem Teller liegen Messer, Gabel und Löffel. Kein Fernglas. Was gibt es also zu beobachten? Beobachten ohne Fernglas finden Vogelbeobachter kindisch. Obwohl es gerade an einem Huhn außerordentlich viel zu sehen gibt. Essen ist lernen. Dort auf dem Teller liegt das Geheimnis verborgen, das die Menschheit seit Jahrtausenden zu enträtseln sucht: das Geheimnis des Fliegens. Ein Bissen, und man weiß Bescheid. Ein Bissen in den Flügel, und man begreift, dass man damit niemals fliegen kann. Kaum Fleisch dran. Nicht mal ordentliche Muskeln hat so ein Hühnerflügel. Niemand könnte sich mit so einem schlaffen Händchen in die Lüfte erheben.

Die Flügel aber haben eine Fernbedienung, und die liegt in der Brust. Vögel fliegen also nicht mit ihren Flügeln, sondern mit ihrer Hühnerbrust. Wer sie beim Geflügelhändler liegen sieht, käme nie auf die Idee, aber es ist so: Diese schimmernden Fleischfetzen haben die Schwerkraft besiegt. Die paar Muskeln im Flügel reichen nur, um ab und zu etwas lachhaft aufzuflattern, bei Gefahr oder so.

Hühnerbrüste bestehen aus zwei Muskeln. Einem großen, um den Flügel abwärts zu bewegen, und einem kleinen für den Schwung nach oben. Der kleine Muskel ist deshalb so klein, weil er nicht viel zu tun hat. Er muss den Flügel nur in die richtige Position für den Abschwung bringen, der die eigentliche Arbeit verrichtet. Wir kennen diese Zusammenarbeit eines dicken und eines dünnen Muskels von unserem eigenen Arm her. Das ist auch der Grund dafür, dass wir in einem Ruderboot verkehrt herum sitzen. Wir rudern mit dem Rücken in Fahrtrichtung, weil die Arme das Ruder leichter zum Körper hinziehen als von ihm wegdrücken können. Der starke Bizeps beugt den Ellbogen, während der viel schwächere Trizeps ihn wieder streckt. Bei den Beinen ist es genau umgekehrt. Deshalb drücken Rennruderer ihre Füße von sich weg, während sie die Arme zu sich herziehen.

Das Geheimnis des Fliegens liegt so wenig in den Flügeln wie das Geheimnis des Schwimmens im Kiel eines Schiffes. Im Antrieb liegt die Lösung. Ein Waghals nach dem anderen fiel mit selbst gebauten Flügeln vom Himmel, bis endlich ein handlicher Leichtmotor erfunden wurde. Fast im selben Augenblick erhob sich das erste Flugzeug in die Luft. Allerdings wartet man noch immer auf das Flugzeug, das wie ein Vogel mit den Flügeln schlägt. Um wie vieles schöner wäre dann der Anblick eines Flugplatzes, und außerdem säßen lauter Vogelbeobachter auf der Besucherterrasse.

Wie gerne säße ich in so einem Vogelflugzeug: Es muss ein schönes Gefühl sein, aus dem Fenster zu schauen und die Flügel schlagen zu sehen wie bei einem Reiher. Endlich befreit von der Schwerkraft. Herrlich! Bis einem der Schrecken durch die Glieder fährt. Was ist, wenn man gerade in einem weiblichen Flugzeug sitzt, und es käme ein männliches angeflogen? Und es wäre auch noch Frühling.

Das hässliche Entlein

Aus dem hässlichen Entlein wird einmal ein Schwan, ein sehr schöner sogar und ein glücklicher dazu. Aber das ist nur im Märchen so. In Wirklichkeit nimmt die Geschichte ein anderes Ende. Schönheit vergeht, Hässlichkeit besteht.

Die meisten Menschen werden hässlich geboren und bleiben es ihr Leben lang. Und wenn nicht, dann werden sie es. Klein, dick, plump. So was bestimmt das ganze Leben. Kleine Leute nimmt keiner für voll, Dicken stünde ein bisschen Selbstkritik gut an, und ein plumper Mensch muss die doppelte Anzahl Diplome vorweisen wie ein wohlgestalteter, will er das Gleiche erreichen. Schön muss man sein, frisch, mit schimmernden Zähnen: die prickelnde Frische von Limonen. Schönheit ist das Schmieröl des gesellschaftlichen Verkehrs; wer hässlich ist, bewegt sich unter Menschen nur schwerfällig, knirschend und quietschend. Für den, der nicht schön ist, ist der Körper nur Ballast. Vor allem, weil unser Geist immer Idealmaße besitzt: ein Meter achtzig auf siebzig Kilo und durchtrainiert.

Umso schlimmer nagt der Zahn der Zeit. Während der Geist gut erhalten bleibt, sackt der Körper um uns herum in sich zusammen, Einzelteile gehen kaputt oder gar verloren. Wie gerne würden wir manchmal unseren Körper im nächsten Krankenhaus abgeben und später genesen wieder abholen. Aber nein, das geht nicht, der Geist muss mit und im Krankenbett nicht nur Zeit verschwenden, sondern auch noch mitleiden. Bei der Betäubung darf der Geist kneifen, aber nur für kurze Zeit, um danach wieder in eine kotzende Hülle zurückzukehren und sich zu fragen, wer sich den Unsinn vom gesunden Geist im gesunden Körper ausgedacht hat. Doch selbst wenn der Körper makellos und gesund ist, bleibt er eine Last. Andauernd muss er versorgt werden: Er will essen und trinken, täglich geschrubbt werden, immer die gleiche Temperatur haben und ständig vor irgendwelchen Unfällen bewahrt werden. Und den Rest der Zeit raubt einem fast gänzlich der Geschlechtstrieb. Die Vorschriften des sechsten und neunten Gebotes erfüllen den Geist fortwährend mit Körperkram, anstatt ihn reinen Geist sein zu lassen. Natürlich steht all diesen Bedürfnissen die Befriedigung gegenüber, aber das Zwanghafte daran trübt das Vergnügen doch beträchtlich. Hunger, Geilheit, Durst, Juckreiz, Menstruation, Kopfschmerzen: ein einziges Gequengel unseres Körpers um Aufmerksamkeit.

Die meisten Leute sind deshalb auf ihren Körper gar nicht gut zu sprechen. Aber Austauschen geht nicht. Was für ein Gepfriemel wär das auch. Beim Haar geht es noch am einfachsten: Man kann es wachsen lassen oder abschneiden, es in Locken legen oder glatt ziehen, toupieren, flechten, einfetten, entfetten, hochstecken oder offen tragen. Jede Menge Hässlichkeit lässt sich auch unter Kleidern verstecken, durch Sich-Herrichten oder Sich-Aufdonnern. Sogar Affen tun das. Sowohl in freier Wildbahn wie auch in Gefangenschaft schmücken sie sich mit Ästen, Stöcken, Mützen, einfach mit allem, was ihnen in die Hände fällt, und leiten daraus die Berechtigung zu demonstrativem Machtverhalten ab, was bei anderen entsprechend ankommt. Herumstolzieren nennt man solch prahlerisches Getue.

In Fußgängerzonen und vor Straßencafés sieht man viele Leute herumstolzieren. Sie geben sich der Illusion hin, sie hätten mit einem neuen Kleidungsstück ihren alten Körper abgeschüttelt. Doch ein Affe wird nicht schöner, auch wenn er einen goldnen Ring trägt. Als einzige Mittel bleiben einem Bodybuilding, Körperkultur und Sport. Wer aus dem verzweifelten Wunsch heraus, die Zwangsjacke des Körpers zu lockern, auf Spikes rennt und mit Hanteln hantiert, bis der Schweiß trieft, wird sich der Beschränkungen des Körpers umso deutlicher bewusst. Mehr als ein, zwei Zentimeter gibt der Körper nicht nach. Am Ende kriegt er den Geist doch klein.

Der Lockvogel

Anziehung stößt ab. Huren, die einen um Feuer bitten, wenn man gerade auf dem Weg zu einem Zahnarzttermin ist, schlampig gekleidete Teenager, die einem ehrlichen Schnapstrinker »He, willste Haschisch?« zuzischen, den Fuß von jemandem, der damit Postkarten gemalt hat, in der Haustür – schlecht Ding will Eile haben. Blieben früher die Handlungsreisenden mit Staubsaugern und Klobürsten höflich vor der Tür, stehen die Vertreter von heute dreist gleich mitten in der Wohnung. Zu Hunderten. Im Wohnzimmer. Im Fernsehen nämlich.

Kaum hat man seinen Fernseher eingeschaltet, da fangen sie schon an, einem Haarfestiger, Hundefutter und

Schokoladenstreusel aufzuschwatzen. Zappen nützt nichts, die Handlungsreisenden von heute reisen auf allen Kanälen. Dabei ärgern einen nicht nur die stumpfsinnige Humorlosigkeit der Reklamespots, sondern vor allem die Beleidigungen, die einem auf diesem Weg tagtäglich zugefügt werden, im eigenen Haus: Ich sei ein Idiot, denn ich mache alles falsch. Ich kaufe die falsche Marke, ich mache zu selten Gebrauch von all den praktischen Dingen, die das Leben angenehmer machen, ich trinke, aber genieße leider nur mit Maßen. Kein Wunder, dass ich nicht glücklich bin! Und tue ich mal wirklich, was sie wollen, und trinke von Kindesbeinen an Coca-Cola, ist's auch nicht genug, nein, ich muss noch bis zu meinem Tod den Anblick der immer fröhlichen Coca-Cola-Kids über mich ergehen lassen. Zu alt bin ich ohnehin. Früher, als das Handwerk noch goldenen Boden hatte, trank ich ab und zu gerne ein Grolsch-Bier, aber es wird der Tag kommen, da trinke ich keines mehr, weil ich bei jedem Schluck die Visagen dieser Hopfen-Yuppies vor mir sehe. Bitte, bitte, darf ich freiwillig die vierfachen Fernsehgebühren bezahlen? Werde ich dann von der Werbung erlöst?

Dabei wäre es unnötig, die vierfachen Gebühren zu bezahlen. Fernsehen ohne Werbung gibt es nämlich längst. Draußen. In der Natur. Da kann man sich die Augen aus dem Kopf gucken, ohne dabei von Grolsch, Coca-Cola & Co. belästigt zu werden. Kein Wunder also, dass die Menschen so gerne die freie Natur aufsuchen. Die Natur braucht keinen Showmaster. Und keine Stars. Aber wenn es in der Natur keine Werbung gibt, warum sind viele Vögel dann so bunt wie Gummibärchen- oder Waschpulververpackungen? Warum riecht es in der Natur so nach Maiglöckchen und Fougère wie in der Kosmetikabteilung eines großen Warenhauses? Warum hat jeder Vogel seine eigene Erkennungsmelodie? Ist doch klar, um Werbung zu machen natürlich. Nur sind damit nicht wir Menschen gemeint. Die ist für Tiere gedacht. Mit ihrem Gesang locken die Männchen die Weibchen an, mit ihren Farben verführen Blumen die Bienen, und an der Hundekacke kann jeder Hund riechen, welches Futter diese Woche gerade im Angebot ist. Dennoch sind die Menschen dafür durchaus empfänglich. Zwar nicht unbedingt für die Hundekacke, aber von den Blumen lassen sie sich gern betören. Sie pflanzen sie sogar in ihre Gärten.

Und so wie es für die Natur Reservate gibt, gibt es für die Gärten Zentren. In solch einem Gartencenter kann man alles kaufen, falls man es sich mit der Natur verderben möchte: Käfergift, Plastikpilze, Schimmelvertilgungsmittel, Schneckenkorn. Das alles ist schlecht für die Umwelt. Und damit ein Fall für die Aufklärungsspots des Umweltministeriums, das uns ins Gewissen reden will. Seiner Meinung nach sollen wir in den Gartencentern Gift kaufen, das nichts hilft, Beizen, die das Holz verrotten lassen und Pilze aus recyceltem Plastik.

Neulich standen sie vor meiner Tür. Drei flotte Reklamefritzen in einem klapprigen Saab. Ob ich nicht Lust hätte, an so einem Aufklärungsspot mitzuwirken? Schön, und wie könnte ich ihnen dabei helfen? Ich sollte dafür werben, die Pflanzen mit Regenwasser zu gießen. Und wie sollte ich das tun? Ihr Vorschlag lautete, mich nackt in eine Regentonne zu stellen, sichtbar nur bis zum Nabel, und dann den Leuten zu erzählen, dass mit Regenwasser alles viel besser wächst. Danach sollte ich den Blick zu meinem Pimmel hinunterwandern lassen und sagen: »Ich glaube, ich bleibe besser noch 'ne Weile in der Tonne!«

Sie sagten, sie hätten mir den Text auf den Leib geschrieben. Heutzutage liefert die Werbung sogar Beleidigungen frei Haus.

Die Nachtigall

Wie sieht wohl das ideale Zimmer im Puff aus? Das weiß jeder: ein großzügiger, warmer Raum voll weicher Kissen. Die vorherrschenden Farben sind Rosa, Beige und Rot. Das Licht – sehr, sehr spärlich – kommt von Kronleuchtern und Boudoirlampen. An Kristall, Quasten und Karat ist nicht gespart worden. Leise erklingt Musik.

Lesen Sie das Obige noch einmal durch und Ihnen wird klar, was da beschrieben ist: das Amsterdamer Concertgebouw, der Konzertsaal unserer Stadt! Kein öffentliches Interieur ist huriger als dieses. Sollte man in Amsterdam jemals beschließen, ein Eroscenter einzurichten, dann bräuchte man nicht lange nach einer passenden Unterkunft zu suchen.

Ist die Ähnlichkeit zwischen einem Sex- und einem Musentempel purer Zufall? Natürlich nicht. Sex und Musik gingen schon immer Hand in Hand. Für viele Tiere ist Musik ohne Sex sogar undenkbar. Sie zirpen, brüllen und zwitschern ausschließlich während der Paarungszeit. Davor und danach schweigen sie verdrossen. Menschen dagegen machen ihr ganzes Leben lang Musik, am meisten und lautesten aber in jener Zeit, wenn um die Weibchen geworben wird und das Paaren am häufigsten stattfindet. Ältere Leute erinnern sich Note für Note an die Lieder von damals, als sie achtzehn waren. Lieder, deren Texte, wie bei fast allen Liedern, voll erotischer Anspielungen sind. *Come on, baby, let's have it tonight.* Wer die sexuellen Wurzeln der Musik leugnet, sollte sich mal in einer Disco umsehen, wo die heutige Jugend bei ohrenbetäubender Musik Paarungstänze aufzuführen pflegt. Wer diese Musik obszön findet, hat Recht.

Das alles wirft ein zweifelhaftes Licht auf den Musiker. Was mag ihn wirklich bewogen haben, diesen Beruf zu ergreifen? Trotzdem, es ist ein anständiger Beruf, weil Sex während des Musikgenusses zwar erlaubt, aber nicht unumgänglich ist. Das wird deutlich, wenn uns die Musik anderer Tierarten zu Ohren kommt. Vieles ist für uns nur ein Quaken, Knurren und Brummen, aber es gibt auch hier Hochbegabte, die ihre Kunst über die Grenzen der eigenen Art hinauszutragen wissen. Ein prosaisches Tierlexikon beispielsweise schwingt sich bei der Nachtigall zu ungeahnten Höhenflügen auf und bezeichnet ihr Lied als »melodiös, dicht und voll«, es bestehe aus »einer Kombination von klaren und reinen Flötentönen«. Ganz besonders eindrucksvoll, so rühmt das Standardwerk, sei ihr Gesang »in der Stille der Nacht«. Dem kann man nur beipflichten. Aber sexuell erregen wird der Gesang wohl nur ein Nachtigallweibchen, uns Menschen gefällt allein die musikalische Schönheit daran.

Dank unseres Ohrs. Dieses Organ ist mehr als nur eine Durchreiche für Alarm- und andere Signale. Das Ohr hat eine direkte Verbindung zum primitivsten Bereich unseres Gehirns, dem Genusszentrum. Wenn die Augen Spiegel der Seele sind, dann sind die Ohren deren Trichter. Deshalb kann ich mit Sciencefiction-Szenarios über künstlich erregten Genuss nur wenig anfangen. In Zukunft, so fantasieren diese Geschichten zusammen, könne jeder Mensch permanent glücklich sein, weil eine Elektrode im Gehirn ständig sein Genusszentrum reizt. Dabei braucht ein Mensch so was gar nicht. Unsere Ohren bieten den unmittelbaren Zugang zu diesem Bereich des Gehirns. Lassen Sie Musik hineinrieseln, flüstern Sie liebevolle Worte hinein oder streicheln Sie sie notfalls, und der Reiz jagt per Express zum herrlichsten Areal des Gehirns. Die Menschen wissen das unbewusst. Deshalb tragen sie ihre Ohren auch mit Vorliebe dorthin, wo es schöne Geräusche zu hören gibt. Biologen sitzen gerne vollkommen allein im Nachtigallenwald, während andere Ohrenerotiker Massenorgien nicht scheuen, im Amsterdamer Concertgebouw zum Beispiel.

Die Entenmutter

Auf nichts sitzt es sich angenehmer als auf einem Ei aus dem eigenen Hintern. Keiner weiß das besser als Alida. Schließlich hatte sie zwölf davon. Alle selber gelegt. Was will man mehr? Kacken ist zwar auch eine angenehme Art, sich zu erleichtern, aber nichts geht über das Eierlegen. Ein Ei ist Kacke, auf der sich's prächtig sitzt.

Die meisten Tiere kompensieren die Unannehmlichkeiten der Fortpflanzung durch eine genussvolle Paarung. Wildenten aber erfahren das Brüten als Hochgenuss. Alida dachte lieber nicht an ihr Tête-à-tête mit den jungen Erpeln zurück; sie wäre fast ertrunken dabei. Da war ihr das Brüten doch lieber! Dieses herrliche Gefühl von etwas Glattem und Rundem unterm Bauch, das warme Bollwerk aus Schilf, Laub und Daunen, die Frühlingssonne. Und mit den Eiern ist es wie mit den Ideen: Solange man brütet, weiß man nicht, was dabei herauskommt.

Aber etwas kommt heraus. Auf einmal saß es sich nicht mehr so bequem im Nest. Ein Stück Eierschale pikste Alida schmerzhaft ins Gefieder. Sie war nicht mehr allein. In kürzester Zeit wimmelte es unter ihr von Entlein, manche noch nass vom Dotter. So machte die Sache keinen Spaß mehr. Verärgert stieg Alida aus dem Nest, das Kroppzeug folgte ihr. Und zum x-ten Male in der Geschichte der Enten schwamm eine Entenmutter ihren Küken auf einem Teich voraus. Wieder einmal war das Wunder geschehen. Und das an einem Montag.

Am Dienstag waren's nur noch elf. Eine Ratte hatte ein Küken das Absaufen gelehrt. Zuerst dachte das Entlein, es wäre ein Spiel, bei dem es wieder ins Ei gesteckt würde, aber dann dachte es nichts mehr: tot. Mit Sterben hatte das nicht viel zu tun. Sterben ist etwas Aktives, bei dem man den letzten Atem aushaucht; was dem Entlein geschah, passierte einfach.

Alida merkte nichts davon. Gleichmütig schwamm sie mit ihrer Elf weiter. Das ist der Vorteil, wenn man nicht zählen kann: Man vermisst nie etwas, und was man nicht vermisst, vergisst man, und vergessen heißt vergeben. Vielleicht gab es ja im Laufe der Evolution Enten, die zählen konnten, wer weiß. Aber sie verschwanden sicherlich schnell von der Bildfläche. Vor Kummer ausgestorben. Nicht so Alida. Auch als es nur noch zehn Küken waren, dann neun, acht, sieben, sechs und so weiter, war ihr nichts anzumerken. Aber als das Letzte verschwunden war, sah sie doch ein wenig aus wie eine Lokomotive ohne Waggons: von der Zuglast befreit, aber augenfällig unzweckmäßig. Natürlich stand Alida am Ende vor dem Rätsel, wo alle geblieben waren, aber für eine Ente ist Rätselraten der Normalzustand.

Die Ratte hieß Brigitte. Jeden Tag hatte sie sich eines der Küken geschnappt, wie Fleischklöpschen vom Präsentierteller. Klöpschen für Klöpschen, viel feiner als ein einziger großer, fetter Fleischklops. Zwar war das junge, noch unausgereifte Fleisch etwas fade im Geschmack, dafür aber mit all den Knorpeln umso knuspriger; eine leckere Knabberei. Am Tag, als das letzte Entenküken unter der Wasseroberfläche versank, warf Brigitte ihre eigene Brut. Sie hatte aus Vögeln kleine Säugetiere gemacht. So was nennt man Evolution.

Der Schilfrohrsänger

Sich ein X für ein U vormachen zu lassen, ist unmodern. Bevor sich der moderne Konsument ein Auto oder auch nur eine Slipeinlage anschafft, wägt er mithilfe von Stiftung und Warentest sämtliche Vor- und Nachteile aller Marktanbieter ab. Nur bei der Anschaffung von Kindern gibt's noch Probleme. Geduldig wie seine Urgroßeltern muss der moderne Konsument abwarten, was ihm geliefert wird: ein Junge oder ein Mädchen, ein Pickelgesicht oder eine Großnase, ein Klassenprimus oder ein Mädchenschwarm. Und das, obwohl es sich dabei um einen Artikel handelt, der im Laufe der Jahre mehr als hunderttausend Gulden pro Stück kostet. Ein ordentlicher Batzen Geld für die Katze im Sack, nicht wahr? Hat man Glück, und das Kind fällt zur allgemeinen Zufriedenheit aus, dann ist's auch schnell wieder vorbei damit. Nichts verändert sich so schnell wie ein Kind. Man hat das Bild eines goldigen Kleinkindes vor Augen, kriegt aber erst mal ein kreischendes Baby und später einen nervigen, pubertierenden Teenager. Es wäre doch viel angenehmer, man könnte sein Kind im gewünschten Stadium einfrieren oder in ein Korsett einschnüren, damit es nicht mehr wächst, oder es auf Kindergartenniveau halten, indem man es nicht zur Schule schickt. Doch die Natur nähme auch dann ihren Lauf. Früher oder später bekommt es unweigerlich Pickel oder Brüste. Außerdem wäre ein Bonsai-Kind mit Stimmbruch ein zu dämlicher Anblick. Lassen wir das also. Eltern sind kluge Leute.

Trotzdem gibt es diese Mischung aus Dummheit und Arroganz, die diejenigen auszeichnet, die die Natur in ihrem Lauf hemmen möchten, wirklich: bei den Naturschützern. Deren Opfer sind zwar keine Kinder, aber Naturschutzgebiete. Die sollen nämlich erhalten bleiben. Viele Menschenhände rühren sich, um den Eindruck zu erwecken, so ein Naturschutzgebiet wäre von keiner Menschenhand berührt. In Feuchtgebieten wird an den Teichen das Schilf gemäht, auf Heideflächen gebrandrodet und Torf gestochen. Um jeden Preis soll verhindert werden, dass die Natur tut, was sie nicht lassen kann. Zum Glück ist die Natur nicht so konservativ wie ihre Beschützer; sie will überhaupt nicht, dass alles so bleibt, wie es ist. Die Natur ist dynamisch, umtriebig. Sie verwandelt einen Teich in ein Schilfrohrfeld, das Schilfrohrfeld wird zum Sumpf, der Sumpf verlandet, und am Ende vom Lied steht da ein Wald. So was nennt man Sukzession. Auch Heideflächen werden, wenn man sie nur lässt, zu einem Wald. Wer jene haben will, muss sie künstlich in Stand halten. Aber so wenig, wie man ein Kind durch ein Korsett ewig klein halten kann, geht das mit einem Naturschutzgebiet. Wie man auch mäht, brandrodet und torfsticht, es bleibt ein Kampf gegen Windmühlen und kostet außerdem ganze Wagenladungen Geld, das man viel sinnvoller zum Ankauf neuer Naturschutzgebiete einsetzen könnte.

Was aber ist der Grund für eine solche Verschwendungssucht? Die Liebe zu Feuchtgebieten und Heideflächen? Zweifellos. Aber kann eine solche Liebe widernatürliche Aktivitäten rechtfertigen, auch wenn sie sich unter dem Oberbegriff »Naturschutz« verbergen? Was tut eine

Mutter, die mit Bedauern sieht, dass ihr Kind aus dem Kleinkindalter herauswächst? Sie lässt das Kind in aller Ruhe groß werden – große Kinder sind manchmal auch ganz lustig – und schafft sich ein neues Baby an.

Man sollte die Seen in aller Ruhe zu Wäldern verlanden lassen – Waldvögel trällern mindestens genauso hübsch wie Schilfrohrsänger – und stattdessen einfach neue Teiche ausbaggern oder aber den Deich irgendeines unrentablen Polders durchstechen. Die Natur erledigt den Rest von allein, was man an den niederländischen Seen und Teichen deutlich erkennen kann. Hätte es zu Zeiten der Torfstecher schon Naturschützer gegeben, hätten diese mit Sicherheit den Torfabbau verhindert. Dann aber hätte es diese Seen nie gegeben, denen man jetzt ihre eigentliche Bestimmung, nämlich Wald zu werden, verweigert. Natur ist nicht da, um bewahrt zu werden, sondern damit man sie ihren Lauf nehmen lässt. Vielleicht wird dann doch noch was draus. Denn was dem Naturliebhaber heute als Natur vorgesetzt wird, ist doch eher ein X als ein U.

Die Legehenne

Der Urahn unserer Legehennen, das Bankivahuhn, war ein anständiger Vogel. Im Frühjahr legte es fünf oder sechs Eier, aus denen Küken schlüpften, die es in vorbildlicher Weise aufzog. Dann fing der Mensch an, dem Tier ständig die Eier unter dem Hintern wegzuklauen. Verzweifelt versuchte die Henne, den Verlust durch eine gesteigerte Produktion von sechzig Stück pro Jahr zu kompensieren. Der Mensch war überglücklich über die Dummheit des Tieres. Trotzdem war er es nicht zufrieden. Bereits im 19. Jahrhundert presste er dem Huhn durch Kreuzungen mit Riesenrassen eine Legerate von zweihundert Eiern pro Jahr ab, aber es war noch mehr drin: Legebatterien steigerten die durchschnittliche Legeleistung eines Huhns von zweihundertfünfzehn Stück im Jahr 1960 auf zweihundertfünfundsiebzig derzeit. Doch Undank ist der Hühner Lohn. Wenn ihre Produktion im Alter von vierzehn Monaten zu versiegen droht, werden sie durch neue Eierlegemaschinen ersetzt und entsorgt. Mit geknickten Flügeln wandern sie in die Suppe.

Vergleichen wir diese Behandlung mit der unserer eigenen Frauen, wird klar, dass hier mit zweierlei Maß gemessen wird. Neben einem Huhn sieht ein Menschenweibchen blass aus. Eine Frau legt monatlich nur ein einziges Ei, das macht gerade mal zwölf pro Jahr. Außerdem sind die Eier so klein, dass man sie mit bloßem Auge nicht mal sehen kann. Das geht so lange, bis die Frau ungefähr fünfzig Jahre alt ist, dann hört sie mit dem Legen auf. Ihre Eierstöcke gehorchen nicht länger den Befehlen der Hormone, und daran ändert sich nichts mehr. In dieser Hinsicht ist der Mensch im ganzen Tierreich einzigartig. Aber in mehr auch nicht.

Weder die Sprache noch der Gebrauch von Werkzeugen markieren die Grenze zwischen Mensch und Tier so scharf wie die Menopause. Und damit hat es folgende

Bewandtnis: Ein Weibchen, das keine Eizellen mehr produziert, liefert keinen Beitrag mehr zur Fortpflanzung, deshalb macht die Natur kurzen Prozess mit so einem Tier. Sogar unsere Haustiere haben davor noch Ehrfurcht. Die älteste Kuh der Niederlande warf Kälber bis zum Schluss, dreißig im Ganzen. Alle Tiere werfen bis zum bitteren Ende. Oder anders gesagt: Sie verenden, bevor sie nicht mehr werfen können.

Beim Menschen war das anfangs nicht anders. Der Planung der Natur zufolge sollte das Weibchen des Menschen vor dem fünfzigsten Lebensjahr längst einem Höhlenbären, der Pest oder der Influenza zum Opfer gefallen sein, wenn es nicht schon vorher im x-ten Wochenbett gestorben war. Unsere nächsten Verwandten, die Schimpansen und Orang-Utans, sind mit dreißig steinalt und lebenssatt. Jedes Lebensjahr jenseits der Vierzig hat der Mensch der Natur abgetrotzt, es ist eine Zugabe der Zivilisation. Nur hinsichtlich der Eierproduktion stirbt die Frau nach wie vor den Tod, den die uralte biologische Uhr für sie vorgesehen hat. Kein Wunder, dass sie sich dabei manchmal merkwürdig aufführt.

Und der Mann? Zugegeben, gerecht ist es ja nicht, aber während die Frau um das fünfzigste Lebensjahr herum ihre Fruchtbarkeit verliert, bleibt die ihres Mannes bis zu seinem letzten Atemzug erhalten. Auch wenn man das kaum glauben kann, wenn man sich die alten Herren in einem Altersheim näher ansieht. Doch jeder von ihnen produziert unter den Augen der gestrengen Direktorin tagtäglich noch Millionen Samenzellen. Zwar ist der Samen nicht mehr so flink wie in den Zeiten der Jugend, aber jede Zelle wäre im Stande, eine x-beliebige Frau oder gar die Direktorin zu befruchten. Vorausgesetzt natürlich, sie ist noch unter fünfzig.

Die Taube

Freizeitgestaltung. Das Wort allein bringt einen schon in die Gänge. Es gibt unterschwellig zu erkennen, dass es sich bei der Freizeit um eine schändliche Unterart von Zeit handelt, die wir so sinnvoll wie möglich zu verbringen haben. Die Freizeitgestaltung nahm ihren Anfang, als der arbeitsfreie Samstag eingeführt wurde und man befürchtete, das könnte der Beginn einer allgemeinen Verluderung der Menschheit sein. Inzwischen hat sich herausgestellt, dass dieses Problem keines war. Die meisten Leute tun in ihrer Freizeit nämlich einfach das, was andere während ihrer Arbeitszeit tun. Mit Schweißperlen auf der Stirn graben sie tiefe Kuhlen am Strand oder spielen Bankier – beim Monopoly. Freizeitgestaltung mit Tieren ist auch nichts anderes als Arbeit – Hunde abrichten, auf Pferden reiten – oder Krieg. Früher gab es ausschließlich den biologischen Krieg. Wie Gott kämpften auch die Tiere an beiden Fronten mit. Doch so ungeschoren wie jener kamen sie nicht davon.

Im Ersten Weltkrieg verendete die Hälfte der sechzehn Millionen eingesetzten Pferde, und Abertausende von Hunden, die man mit einer Haspel Telefondraht in die Minenfelder schickte, kehrten nicht zurück. Die Heldenrolle im Militäreinsatz aber spielten die Tauben. Als Flugzeug und Funk noch in den Kinderschuhen steckten, waren Tauben oft die einzige Möglichkeit, Botschaften aus einer belagerten Festung herauszubringen. Ein eindrucksvolles Beispiel dafür ist die Belagerung von Paris im Jahre 1871, als die Bürger mithilfe ihrer Tauben die Verbindung mit dem Rest der Welt aufrechterhalten konnten. In den Jahren danach richtete fast jedes europäische Land einen Militärbrieftaubendienst ein. Deutschland machte mit dem leuchtenden Vorbild Bismarcks den Anfang, nachdem dieser 1872 ein Taubenpärchen geschenkt bekommen hatte. Innerhalb kürzester Zeit hatte man ein Netz von Militärbrieftaubenschlägen aufgebaut, bemannt mit jeweils Hunderten von Tauben, einem Offizier, einem Tierpfleger und zwei Soldaten. Der Erzfeind Frankreich allerdings legte die Hände nicht in den Schoß und verfügte binnen kurzem in der Brieftaubenzentrale Paris über genug Tiere, um im Falle einer nochmaligen Belagerung sechs Monate lang den Kontakt mit anderen Stationen halten zu können. Das österreichische Kriegsministerium verlieh sogar kaiserliche Medaillen für privat gezüchtete Meistertauben und sorgte dafür, dass deren Begleiter reduzierte Zugbillets bekamen. So war auch die Fauna für den Ersten Weltkrieg gerüstet.

Als die Deutschen in Frankreich einfielen, töteten sie zuerst alle Brieftauben – eine Million Stück. Bei ihrem Einmarsch in Antwerpen steckte der belgische Befehlshaber eigenhändig seine *colombier* mit zweitausendfünfhundert der besten Tauben in Brand. In England war das Militärbrieftaubenwesen noch nicht aufgebaut. Man stand der Sache anfangs skeptisch gegenüber. Ein Kommandant, dem für den Notfall zwei Körbe mit Brieftauben zugewiesen worden waren, betrachtete die Tauben als willkommene Ergänzung seiner Nahrungsvorräte. Einmal im Kampf eingesetzt, enttäuschte die Taube die Erwartungen, die man in sie gesetzt hatte, nicht. Für den Feind war es deshalb Ehrensache, außer den Menschen auch die Tauben abzuknallen. Eine einzige Taube, die durchkam, konnte über Sieg oder Niederlage entscheiden: So wurde im Juni 1918 eine eingeschlossene Gruppe von fünfzehnhundert Mann dank einer einzigen Taube befreit.

Doch es schickt sich nicht, das Friedenssymbol schlechthin für kriegerische Zwecke zu missbrauchen. Zum Glück kommt das nicht mehr so oft vor. Die großen Militärbrieftaubenschläge sind fast alle abgeschafft. In Europa finden sie sich nur noch in einem einzigen Land: in der Schweiz, wo sonst!

Der Erpel

Ein Grund, weshalb der Mensch Tiere misshandelt, ist sein Neid auf sie. Es gibt kaum etwas, worin Tiere uns nicht übertreffen: Elefanten sind stärker, Papageien schöner, Wale größer, Widder potenter. So was können wir nicht ausstehen. Urvölker finden sich nicht damit ab, sondern essen das Tier, das sie so voller Neid betrachten, einfach auf. Sie sind der festen Überzeugung, dass dadurch etwas von der Schnelligkeit der Gazelle, der Kraft des Löwen oder der Potenz des Widders auf sie übergeht. Uns wurde diese Illusion vom staatlichen Institut für Ernährungsfragen genommen, denn es hat herausgefunden, dass ein Eintopf nicht anders als *sole à la meunière* lediglich aus Eiweißen, Fetten, Kohlenhydraten und Salzen besteht. Die magische Kraft von Fetten erschöpft sich in der Fähigkeit, Arterienverkalkung zu verursachen; Eiweiße wiederum sind schlecht für die Nieren, Kohlenhydrate für das Herz und Salze für den Blutdruck. Essen ist auch nicht mehr das, was es einmal war. Das ist der Preis, den wir für unsere wissenschaftlichen Erkenntnisse zahlen. Die Fleischerinnung pfeift auf wissenschaftliche Erkenntnisse. »Fleisch bringt Kraft!«, will sie uns einreden und setzt uns statt Bärenburger und feinstem Elefantenziemer Lappen leer gemolkener Kuh und pubertäre Hühnchen vor.

Zum Glück gibt es noch andere Methoden, sich mit einem Tier zu identifizieren, als es zu essen. Kanadische Indianer versuchten, das Verhalten eines Tieres so gut wie möglich zu imitieren, um so an seiner List und seiner Kraft teilhaben zu können; die australischen Aborigines wählten sich das Känguru als Totemtier. Solche Gebräuche sind bis heute nicht ausgestorben. Ich erinnere mich, dass ich als Pfadfinder zur Gruppe der Wildtauben gehörte. Zum Zeichen dafür mussten wir immer wieder den Ruf einer Wildtaube nachahmen, weil sich die Gruppenleitung davon einen gewissen erzieherischen Effekt versprach.

Am einfachsten aber ist es, den Namen des beneideten Tieres anzunehmen. So entstanden der Name von Häuptling Sitzender Bison, aber auch von Herrn und Frau Fuchs. Schüler glauben ebenfalls an die Zauberkraft von Namen, wenn sie sich »Bruce Springsteen«, »David Bowie«, »R.E.M.« oder »Oasis« auf die Stoffschultaschen schreiben – sicherheitshalber die Namen von allen gerade ruhmreichen Musikern gleichzeitig –, weil sie hoffen, dass auf diese Weise etwas von deren Ruhm auf sie abstrahlt. Man ist sogar überzeugt davon, den Warenwert einer Sache auf diese Weise erhöhen zu können: Ein Bausparvertrag ist ausgefuchster, ein Auto schneller oder eine Kondensmilch weißichwas, wenn ein Fuchs, ein Jaguar oder ein Bär als Markenzeichen dienen. Am deutlichsten aber tritt der Glaube an die magische Wirkung von Tiernamen auf Partys zu Tage. Sie lernen eine hübsche junge Frau kennen, und sie sagt als Erstes: »Ich bin Steinbock. Und du?« Sie sagt nicht etwa: »Ich heiße Steinbock«, sondern ausdrücklich: »Ich *bin* Steinbock.« Wer da antwortet: »Ich bin Widder« oder »Ich bin Krebs«, muss sich eine Dreiviertelstunde babylonisches Geschwafel darüber anhören, welche Sternzeichen besonders gut zueinander passen.

Unglaublich, wie hartnäckig sich der Glaube an die Tierkreiszeichen in unseren aufgeklärten Zeiten hält. Ein Gespräch wie: »Sind Sie Jungfrau?« – »Nein, Fisch«, erachtet man heute für ungeheuer niveauvoll. Der Direktor des Zentrums für Theoretische Physik an der Universität Texas, J. A. Wheeler, zählte in den USA schon vor zwanzig Jahren nicht weniger als 20000 Astrologen. Zehnmal mehr als Astronomen. Lassen Sie sich Ihre nächste Party nicht wieder verderben und antworten Sie auf die unausweichliche Frage, welches Sternzeichen Sie denn seien, nicht mehr mit »Widder« oder »Krebs«, sondern sagen Sie einfach: »Erpel.« Damit ersparen Sie sich eine Menge. Lassen Sie sich das von mir gesagt sein. Ein Stier wie ich hat da ein Gespür für.

Der Pelikan

Besichtigen besudelt. Natur, die schon einer betreten hat, ist wie eine Frau ohne Geheimnisse. Ein Gemälde, das Millionen Augenpaare abgeleckt haben, wird nie mehr das sein, was es einmal war. Das ist der große Nachteil bei der Forschung. Einmal entdeckt, lässt sich kaum noch etwas verdecken. Nach dem ersten Fund wird keiner mehr das Vergnügen des Entdeckens haben, bis in alle Ewigkeit. Was vom Entdeckten übrig bleibt, ist bloße Sehenswürdigkeit. Davon wiederum gibt's jede Menge. Manches ist von der Art »qui vaut le détour«, anderes muss man unbedingt gesehen haben.

Pelikane sind eine Sehenswürdigkeit, an der ich mich nicht satt sehen kann. Dieser Kopf! Dieser Schnabel! Diese Füße! Dieses gekränkte Gesicht! Der Pelikan ist der einzige Vogel, den man sich mühelos mit einer Badekappe auf dem Kopf vorstellen kann. So konstruiert man doch keinen Vogel! Seine Unwahrscheinlichkeit macht den Pelikan zu einer Sehenswürdigkeit.

Natürlich sind Biologen stets bereit, das Unwahrscheinliche für wahrscheinlich zu erklären. Die komischen Füße dienen dazu, auf komische Art zu schwimmen, und in den Schnabel des Pelikans passen jede Menge Fische. Ich würde gern mal einen Biologen mit so einem Kaventsmann von Schleppnetz vor der Schnauze herumschwimmen sehen. Viel fangen würde der mit Sicherheit nicht.

Pelikane sind außerdem primitiv. Es gab sie schon vor hundertfünfzig Millionen Jahren, und das sieht man ihnen auch an. Wer zum ersten Mal Pelikane über Meeresklippen fliegen sieht, wird erschrecken. Wie ein Geschwader Lancaster-Bomber jagen sie über das Wasser, in Formation und gerade auf Kurs. Fast meint man sie schon brummen zu hören, und man rechnet damit, dass sie – souverän gesteuert – gleich ihre Eier abwerfen. Doch möglicherweise ähneln sie doch mehr den Wasserflugzeugen aus dem Tim-und-Struppi-Comic, ein Eindruck, der sich nur noch verstärkt, wenn man sie hochleibig auf dem Wasser treiben sieht.

Allerdings ist ein Pelikan nur primitiv in dem Sinn wie ein Rolls-Royce Silver Phantom oder eine Vorkriegs-Harley-Davidson es auch sind. Pelikane stammen noch aus einer Zeit, wo man auf Material oder Benzinverbrauch keine Rücksicht zu nehmen brauchte. *The Golden Age of Bird Building.* So baut man heutzutage nicht mehr. Eigentlich dürfte so etwas gar nicht mehr rumfliegen, man müsste es vielmehr in die Garage stellen und liebevoll aufpoliert nur an hohen Festtagen herausholen.

Eine Reise zu den Pelikanen von Kalifornien ist eine Reise in die Urzeit. Man fühlt sich im Tal der Vergessenen Welt von Kapitän Rob oder auf der Dinosaurierinsel von King Kong; Pelikane sind Vögel, aus denen Jugendbücher gemacht sind. Stundenlang habe ich sie beobachtet, bis es dunkel wurde und ich mich wunderte, wo denn ihre Besitzer blieben, um ihnen die Flügel einzuklappen und sie im Kofferraum nach Hause zu fahren, bis zur nächsten Show. Aber die Tiere setzten sich friedlich zum Schlafen hin. Mitten auf ihrer Landungsbahn.

So musste ich nach Hause gehen, wieder mal ein wenig klüger als zuvor. Einen Grund dafür kann ich nicht angeben, aber eines weiß ich sicher: Es ist gut, dass es Pelikane gibt.

Der Kolibri

Inzwischen gibt es wohl mehrere dutzend Vogelführer im Handel zu kaufen. Keiner taugt was, weil über das Vogelkennzeichen par excellence nichts drin steht: über den Flügelschlag.

Gefiederfarben verblassen mit der Zeit, und an ihrem Gesang ändern Vögel vertrauenswürdigen Laienforschern zufolge so manches, aber auf die Anzahl der Flügelschläge kann man sich verlassen. Beim Marschflug schlagen kleine Flügel öfter als große. Während Riesenbrummer wie Geier ihre Schwingen nur hin und wieder schwingen, was dann immerhin zwei Sekunden dauert, schlagen Kolibris bis zu fünfzigmal pro Sekunde mit den Flügeln, Schmetterlinge noch öfter, und Mücken sind so klein, dass ihr Flügelgezappel sogar in den Bereich des Hörbaren driftet: Sie summen. Je kleiner die Mücke, desto schneller das Flattern – mehrere hundert Mal pro Sekunde – und desto höher das Summen.

Weder Vögel noch Mücken können anders. Kleine Flügel flattern von selber schnell; wahrscheinlich beruht das auf dem gleichen physikalischen Gesetz wie die Tatsache, dass ein kurzes Pendel schneller schwingt als ein langes, und die anatomische Besonderheit des Dackels, die ihn zu lebenslangem Getrippel verurteilt. Hätte das Pfotengetrappel von Hunden eine hörbare Frequenz, dann würde ein Zwergpudel höher summend daherkommen als ein Schäferhund, so wie eine normale Stubenfliege höher klingt als eine dicke Schmeißfliege. Dieses Prinzip macht man sich auch im Instrumentenbau zu Nutze. Je größer die Geige, desto tiefer der Ton; das setzt sich fort bis zum Kontrabass. Die Tonhöhe einer Saite hängt von ihrer Länge ab. Dasselbe gilt für Stimmbänder. Deshalb können Katzen nicht brüllen, Löwen dagegen schon, und deshalb sind Sie verblüfft, wenn Sie hinter sich eine Bassstimme hören und beim Umdrehen ein kleines Bürschchen vor sich haben.

Aber nicht nur beim Fliegen, Laufen und Sprechen kommt es auf die Größe an. Ein Ausflug in den Zoo kann auch in dieser Hinsicht lehrreich sein. Zählen Sie doch mal die Atemzüge der verschiedensten Tierarten. Sie werden bemerken, dass die schnellsten Keucher die kleinsten sind. Würde man den Herzschlag der Tiere messen, ergäbe sich, dass dieser sich umgekehrt proportional zur Körpergröße verhält. Je größer, desto langsamer. Wenn man aber die verschiedensten Säugetiere bis zu ihrem letzten Atemzug oder Herzschlag beobachtete, gäbe es eine Riesenüberraschung: Der Tod tritt bei allen Tierarten nach dreihundert Millionen Atemzügen und anderthalb Milliarden Herzschlägen ein, egal, ob es sich um eine Maus, ein Eichhörnchen oder ein Nilpferd handelt. Mehr Atemzüge oder Herzschläge sind einfach nicht drin. Kleintiere, bei denen der Atem schneller geht und das Blut rascher zirkuliert, haben ihre Ration bald aufgebraucht und werden folglich nicht alt. Sie brauchen also nie mehr einen Biologen mit der Frage zu belästigen, wie alt dieses oder jenes Säugetier wird. Zählen Sie einfach, wie oft es pro Minute atmet, teilen Sie die oben genannten dreihundert Millionen Atemzüge durch die ermittelte Zahl, und Sie haben die Lebensdauer des Tieres in Minuten. Einfacher geht's nicht.

Wie das beim Menschen ist? Rechnen Sie doch selber. Sie atmen fünfzehnmal pro Minute. Folglich müssen Sie dreihundert Millionen durch fünfzehn teilen, das macht zwanzig Millionen Lebensminuten, was dreihunderttausend Stunden, fünfzehntausend Tagen oder vierzig Jahren entspricht. Ja, Sie haben richtig gerechnet: Älter als vierzig soll der Mensch von Natur aus nicht werden. Alles, was drüber liegt, ist der Natur durch die moderne Gesellschaft und ihre Hygiene und Medizin abgetrotzt. Dennoch kann all dies nicht verhindern, dass nach dem vierzigsten Geburtstag der Verfall einsetzt. Dann hapert's bei den Frauen zum Beispiel an der Fortpflanzung, und die Menopause lässt nicht mehr lange auf sich warten.

Eine Pause, die entschieden zu lang dauert. Grund genug, um, sagen wir mal, gerade auf die Vögel und ihre sprichwörtlich gewordene Tätigkeit neidisch zu sein. Sie säen nicht und ernten nicht und kommen nie in die Wechseljahre. Doch es gibt einen Trost: Bei Vögeln bricht der Paarungstrieb jedes Jahr von neuem durch; man muss sie sich nur mal im Frühling anhören. Bei uns Menschen gibt es Gott sei Dank nur eine Pubertät im Leben.

Die Wildente

Sie sind ein Säugetier. Deshalb ist es auch ziemlich unwahrscheinlich, dass Sie monogam leben. Die meisten Säugetiere sind nicht besonders wählerisch. Ein Schaf hat niemals eine feste Freundin, und Katzen sind im Frühling alles andere als etepetete, weshalb so manches Kätzchen vaterlos aufwächst. Das kommt durch die verdammte Säugerei.

Weil nur Säugetierfrauen Milch geben, können die Männchen beim Füttern nicht helfen und stören nur. Verpisst euch, heißt es dann. Diese Aufforderung ertönt vor allem bei Arten, die wenig Feinde haben, zum Beispiel beim Elefanten, der nun wirklich keinen Beschützer braucht. Eine Herde Afrikanischer Elefanten besteht denn auch nur aus Weibchen und Jungen. Viele der Weibchen sind schwanger. Das dauert 638 Tage. In dieser Zeit können sie keinen Mann um sich ertragen, weshalb die Männer einsam durch Wind und Wetter trotten. Darf einer endlich mal ran, dann ist die Sache in Windeseile wieder vorbei. Meistens schon nach einer Minute. Und sogleich verpisst er sich wieder, von neuem Verlangen erfüllt. Noch 638-mal schlafen.

Reine Frauengruppen finden sich auch bei der Honigbiene. Was wir einen Staat mit einer Königin als Oberhaupt zu nennen pflegen, ist in Wirklichkeit die aus allen Nähten geplatzte Familie einer einzigen Frau – mit fünfzigtausend Töchtern, aber ohne Mann. Kühe sind schon vom Artikel her weiblich. Jedem Kuhmädchen der eigene Verlobte steht für einen Bauer so wenig zur Diskussion wie für die Kuhmädchen selber, und zwar aus demselben Grund: weil Kuhbuben keine Milch geben. Säugetiere, die nicht säugen können, laufen nur im Weg herum. Verpisst euch!

Im Tierreich ist alles erlaubt, solange es zur Arterhaltung beiträgt. Sogar Monogamie. Die findet man am häufigsten bei Vögeln. Mindestens neunzig Prozent der Vögel halten es mit einem einzigen Partner. Deshalb sind sie bei Frauenzeitschriften, Konservativen und in Tiersendungen auch so beliebt. Wer das Rollenmuster bestätigt sehen möchte, schafft sich einen Vogelkäfig samt Inhalt an: Papa, Mama und Eierchen. Bei Vögeln ist die Familie noch heilig. Deshalb hängen brave Bürger auch Nistkästen für sie auf. Gerührt schauen sie dann zu, wie sich Mann und Frau zusammen rackern und schinden, quälen und plagen: Kleinunternehmer in gefiederter Ausführung. Aber welche konservative Partei unterstützt die Tierchen auf ihrem geraden, rechtschaffenen Weg? Keine? Vögel sind monogam, weil sie keine Milch geben, sondern Eier legen. Auf Eiern muss man sitzen bleiben, und dabei kann man sich abwechseln. Gemeinsam sind wir stark.

In dieser friedlichen Welt voll eitel Sonnenschein bilden die Wildenten die soziale Randgruppe. Jeden Frühling wiederholt sich das Gleiche: Gangs halbwüchsiger Jünglingsenten jagen hinter einem einzigen Entenmädchen her und nötigen ihr Sexualkontakt ab. Fassungslos beobachten liebe alte Menschenfrauchen die Massenvergewaltigung. Stundenlang. Keinen Krumen Brot mehr für diese widerlichen Viecher, schwören die Frauchen, während sie die Tüte mit dem alten Weißbrot fest umklammern – nicht einen! Nach Meinung von Rien Poortvliet gibt es sowieso zu viele Erpel. »Kaum rutscht eine Ente von ihrem Nest«, schildert uns Poortvliet, »hups, da fallen die Erpel schon wieder über sie her! Zuerst Wim, dann Jaap, dann Piet und am Ende rasch Kees noch drüber! Jeden Frühling dasselbe Theater.« Poortvliet hält die Todesstrafe für solch ein Vergehen nicht für übertrieben. Obwohl die Weibchen durchaus eine gewisse Mitschuld haben. Erst flirten und locken sie den ganzen Winter, was das Zeug hält. Und wenn die Erpel dann darauf reingefallen und die Weibchen in Besitz von Heim, Herd und Kindern sind, jagen sie sämtliche männlichen Wesen weg, worauf diese sich natürlich zusammenrotten und anfangen herumzugrölen.

Erst ja und dann nein, solch ein Verhalten taugt nichts. Aber Enten kennen es nicht anders. Ein primitives System, könnte man sagen, wenn es nicht auch seine Vorteile hätte. Gänse machen das alles viel netter. Die paaren sich nämlich nicht nur, um sich der sprichwörtlichen Treue zu versichern, sondern schnattern, gackern, kakeln und tratschen miteinander, dass es eine Lust ist.

Menschen sind Säugetiere. Dennoch gibt es unter ihnen mehr monogame, als man erwarten würde. Diese wählerischsten unter den Säugetieren unterhalten ihre enge Beziehung denn auch nach Gänseart: eben mit Schnattern, Gackern, Kakeln und Tratschen und zwischendurch einer kleinen Paarung. Solange in einer Beziehung noch gequatscht und geneckt wird, ist Hoffnung.

Wie oft sieht man im Bistro alte Paare, die mutlos schweigend ihre Zwiebelsuppe in sich hineinlöffeln. Die Ober kennen dieses Phänomen nur zu gut: Haben sich nichts mehr zu sagen, die beiden. Zu lange zusammen. Monogame Säugetiere. Kein Trinkgeld.

Der Kuckuck

Sich für die Natur einsetzen, ist eine schöne Sache. Aber alles hat seine Grenzen. Manche Wunder der Natur schlagen dem Fass nun wirklich den Boden aus. Kein Mensch wird jemals ernsthaft das Verhalten eines Kuckucks verteidigen. Wie man es auch dreht und wendet, es gehört sich einfach nicht, das eigene Ei in das Nest eines anderen zu legen. Und schon gar nicht so ein freches Ei, dessen Inhalt, nachdem er geschlüpft ist, seine Miteier rücklings über den Nestrand in den sicheren Tod bugsiert.

Würde sich der Kuckuckslümmel eine Pflegefamilie vom eigenen Kaliber aussuchen, dann spräche ja noch einiges dafür. Aber nichts dergleichen! Ein Kuckuck sucht sich immer einen mickrigen Singvogel als Kindermädchen aus, der sich dann dumm und dämlich schuften muss, um das im Vergleich zu ihm kolossale Kuckucksjunge satt zu kriegen. Ein hartes Los. Ein wenig Entschädigung könnte den Schwerstarbeitern der Anblick der Kuckucke bieten, wenn diese ihre Eier legen. Mal eben kurz ein Ei in einem Nest ablegen, ist die Sache der Kuckucke nicht. Der Hintern eines Kuckucks ist nämlich viel zu groß für das kleine Gastgebernestchen. Aus diesem Grund baumelt der Kuckuck irgendwo über dem Nest notdürftig an einem Zweig, schlägt unbeholfen mit den Flügeln und presst und hofft, dass das Ei möglichst bald zum Vorschein kommt. Er sieht dabei nicht weniger verzweifelt und hilflos aus als ein Nordländer über einem südländischen Loch-WC. Augenblicke voller Angst. Geschieht ihm recht, diesem Vogel mit dem schlechten Charakter. Ein Zugeständnis an das Gerechtigkeitsgefühl des gesunden Menschenverstandes, denkt man. Von wegen! Denn was tut der Menschenverstand? Nicht nur, dass er friedliche Gänse auf ihrem Zug in den Süden tausendfach abknallt, vorwitzige Stare mit künstlichem Todesgeschrei zu Tode erschreckt und unschuldige Hühner in Legebatterien zusammenpfercht, nein, der gesunde Menschenverstand verehrt auch noch den gewissenlosen Kuckuck wie kein anderes Vogeltier. So hört man in mancher Spießerstube stündlich den Kuckucksruf. Mit der Regelmäßigkeit eines Uhrwerks klappt ein Tabernakeltürchen auf und ebnet inmitten plastikgewordener Volkskunst einem bunten Spielzeugvogel den Weg. Auf Hochzeiten und Partys wird diesem Kult mit einem kräftig getuschten Kuckuckswalzer gefrönt. Welch reine Saite hat der falsche Kuckuck im Bürgerherz nur zu rühren gewusst?

Es ist die Saite des Fütterungstriebs, die der Kuckuck

in Mensch und Tier zu rühren weiß. Für das Pflegevögelchen übt der aufgesperrte Schnabel des Kuckucksjungen den unwiderstehlichen Reiz aus, Nahrung hineinzustopfen. Dass dieser Schnabel um ein Vielfaches größer ist als es der Schnabel des eigenen Jungen gewesen wäre, tut nichts zur Sache. Im Gegenteil: Je größer das Maul, desto mehr wird hineingesteckt, auch wenn es sich um den Schnabel einer fremden Art handelt. Dass wir Menschen Sympathien für so ein Großmaul hegen, liegt daran, dass wir uns ebenso leicht von fremden Arten als Nahrungsbeschaffer missbrauchen lassen.

Mehr noch: Wir scheinen nur Weniges unterhaltsamer zu finden als das Füttern fremder Arten. Gehen Sie doch mal in den Zoo! Trotz aller Verbotsschilder, die immer wieder predigen »Füttern verboten«, verteilen die Besucher Futter, als hinge ihr Leben davon ab. Erdnüsse für die Erdmännchen, Eis am Stiel für die Eisbären, eine Plastiktüte für den Pelikan. Fressen und fressen lassen.

Die Comicente

Für einen Biologen ist der Besuch der Kinderbuchabteilung einer Buchhandlung ein merkwürdiges Erlebnis. Dort sieht es aus wie in einem Laden für Jüngstkollegen. Nirgendwo findet sich eine Kollektion von Büchern, die sich intensiver der Zoologie widmet als dort. Ungefähr die Hälfte aller Kinderbücher handelt von Tieren. Ob nun mit

Mützchen auf dem Kopf oder Kleidern am Leib, Tiere sind die Hauptheldien der Kinder. Doch der bunten Menagerie aus Bären, Kaninchen, Schweinen und Pandas ist eines gemeinsam: Im Grunde verbirgt sich hinter jedem Exemplar ein süßes Menschenkind in Tiergestalt. Tante Mieze ist nicht zu Hause, die bäckt bei den Mäusen Kuchen, und Familie Elefant macht gerade einen Ausflug in den Zoo. So ein Tag, so wunderschön wie heute! Und das beschränkt sich nicht nur auf die Literatur. Im Kindergarten die Vogelhochzeit; das Töpfchen hat die Form einer Ente; auf dem Schlafanzug, im Fernsehen, auf dem Warmhalteteller, auf der Cornflakes-Verpackung: Hündchen, Kätzchen, Bärchen, Hühnchen, Fröschchen. Eine zuckersüße Pastorale.

Den Tierbüchern folgen bald Comics, was so ziemlich dasselbe ist. Keine Tierart, die nicht von Comiczeichnern züchtig mit Kleidung bedeckt auf Abenteuer ausgeschickt wurde. Am häufigsten allerdings sind Enten. Was diese Comicenten aber nie tun, ist nackt im Teich schwimmen und Entengrütze fressen, wie es sich für eine Ente gehört. Und die Oberente von allen ist dieser Erpel im Matrosenanzug: Donald Duck. Offensichtlich ist er ein Vertreter der Unterart Laufente, denn schwimmen sieht man ihn selten, und wenn er es tut, dann ist das normales Brustschwimmen. Donald Ducks Wohnort kann man nur surrealistisch nennen. Dass die Polizeibeamten Hunde sind, ist nicht einmal das Abwegigste, aber dass sie auf zwei Beinen gehen und sich vierbeinige Spürhunde halten, zeugt doch von einer etwas streng durchgehaltenen sozialen Hierarchie. Auch außerhalb von Entenhausen verteilen sich die Tiere in Menschentiere und Tiertiere. Die Ente Oma Duck zum Beispiel hält sich Kühe. Diese Kühe melkt wiederum Gustav Gans. Klarabella hätte niemals eine Gans an sich rangelassen! Und wenn auf dem Bauernhof von Oma Duck Eier gelegt werden, sind das niemals Enteneier, sondern immer Eier von Hühnern. Es ist zum Verrücktwerden!

Verrückt sind wir tatsächlich geworden. Und zwar schon als Kinder. Jeder von uns hat als Kind die Stunde der Wahrheit erlebt: Man erfuhr, dass es sich bei dem Stück Fleisch auf dem Teller in Wirklichkeit um ein Stück der freundlichen Muhkuh aus dem Vorlesebuch handelt. Man konnte sich nicht mehr mit einer Angel ans Teichufer stellen, ohne gleichzeitig Verrat an unserem Freund, dem Fisch, zu üben. Und auch mit einem Kaninchen stellen die Erwachsenen noch ganz andere Sachen an, als es nur zu streicheln! Das sind Augenblicke, in denen eine Welt einstürzt. Wer konnte sich danach noch ohne Schuldgefühle einem Tier verbunden fühlen? Die babylonische Sprachverwirrung, die alle erwachsenen Menschen für immer von den Tieren scheidet, hat eingesetzt. Doch wo bleiben bei dieser Entwicklungskrise die Hüter der zarten Kinderseele? Die Pädagogen, Psychologen und Psychiater? Die sind zu beschäftigt. Während sich die Kinderseele gerade an zuckersüßer Tierromantik eine Seelenkaries holt, haben die Wissenschaftler nur Augen und Ohren für den Ödipuskomplex und anale Fixierungen. Und zwar, weil sie ausschließlich Interesse für jene Tierart aufbringen, die es mit dem Geld hält. Ein berühmter Psychiater aus Wien sagte einmal, dass die Kindheitseindrücke das ganze restliche Leben enorm beeinflussen. Dazu gehören wohl auch Tiererlebnisse. Wundern Sie sich also nicht, wenn Sie Menschen begegnen, die aus lauter Tierliebe das eine Tier an das andere verfüttern, oder die aus lauter Tierliebe sogar einen Hundewitz für Tierquälerei halten, aber als Freizeitspaß Fische an Eisenhaken foltern. Was Hänschen verpfuscht, verpfuscht Hans nur noch mehr. Aber wundern Sie sich auch nicht, wenn Sie in der Kinderbuchabteilung Ihrer Buchhandlung plötzlich hysterisches Geheul hören. Das ist dann ein Biologe, der Tiere wirklich mag!

Der Dodo

Vögel wecken Neid und Bewunderung zugleich. So durch die Lüfte segeln zu können, diese Wendigkeit, diese Freiheit! Und wir dagegen: an der Erde festgerostet. Unsere unbeholfenen Flugmaschinen, die wir mit viel Ach und vor allem Krach in die Lüfte schicken, unterstreichen dieses Unvermögen nur noch. Erst in der Nähe fluguntauglicher Vögel fühlen wir uns ein wenig unter Unseresgleichen, wobei so ein Vogel uns nicht nur keinen Neid und keine Bewunderung abnötigt, sondern uns sogar zum Lachen bringt.

Das fing schon bei der Namensgebung an. Als die Portugiesen die Insel Mauritius entdeckten und zum ersten Mal einen Dodo zu Gesicht bekamen, verlachten sie ihn sofort als »doudo«, was so viel heißt wie »Volltrottel«. Nachdem Admiral Jacob Cornelisz van Neck die Insel 1598 für die holländische Krone in Besitz genommen hatte, tauften ihn die neuen Machthaber »walgvogel«, im Deutschen etwa »Ekel erregender Vogel«. Das Vieh bot beileibe keinen schönen Anblick. Vorn beherrschte ein halb kahler, hakenschnabliger Kopf den aufgedunsenen Körper, hinten versuchte ein kurzer Federbusch anzudeuten, wo bei einem anständigen Vogel der Schwanz säße. Von den Flügeln waren nur noch kurze Stümpfe übrig geblieben. Das Ganze machte den Eindruck eines verfressenen, aus allen Nähten platzenden Teenagers, der seinem Alten das Geld für ein Karnevalskostüm abgeschnorrt hat.

Die Seeleute, die nach monatelanger Reise auf der bei Madagaskar gelegenen Insel einen Zwischenstopp einlegten, ließen sich die fetten Brummer nicht entgehen. Was keine große Kunst war, denn man konnte die Viecher mit der Hand fangen. In Reiseberichten aus jener Zeit ist zu lesen, das Fleisch sei derart üppig bemessen gewesen, dass »drei oder vier Dodos bisweilen genügten, um hundert Seeleute zu sättigen«. Was einen nicht verwundert, wenn man weiß, das das Fleisch zäh und kaum genießbar war, lediglich »Magen und Brustfleisch waren von außerordentlich schmackhafter Beschaffenheit«. Ansonsten konnte man noch das Fett der Bürzeldrüsen verwenden: als Öl für Lampen.

Achtzig Jahre nach Ankunft der Holländer waren die nahezu nutzlosen Dodos so gut wie ausgestorben. Warum und wodurch? Vor allem durch den Import der weitaus wohlschmeckenderen Schweine, die die Dodo-Nester plünderten und den Vögeln die Eier und die Nahrung wegfraßen.

Aber auch die Seeleute trugen ihr Teil dazu bei. Es war ein vollkommen sinnloses Unterfangen, doch die Seeleute waren der Ansicht, sie befreiten die Welt mit dem Dodo von etwas Unwürdigem und Hässlichem, wodurch sie schöner und damit besser würde. Oder, um mit den Worten ihres Gesinnungsgenossen, des Naturforschers Figuier, zu sprechen: »Mit diesem fetten Körper, den lächerlichen Flügelstümpfen, die dem Vogel weder beim Rennen noch beim Fliegen halfen, war der Dodo zum Untergang verurteilt.« Außerdem sei das Tier, so Figuier weiter, nicht mal tot zu etwas nütze, da sein Fleisch kaum essbar sei. Weshalb also sollte man sein Verschwinden bedauern? Wir sind da anderer Meinung. Trotzdem, seien Sie mal ehrlich: Vermissen Sie den Dodo? Hätte es den Dodo niemals gegeben, hätten Sie sich dann so ein Tier ausgedacht? Natürlich wäre es schön, wir könnten in dem einen oder anderen Zoo noch eines dieser merkwürdigen Tiere bestaunen. Aber die Zoos sind ohnehin schon überfüllt.

Die Trauer um den Dodo hält sich also in Grenzen, sie ist nichts mehr als eine gewisse Scham darüber, dass die Vorfahren von uns heutigen Holländern, die wir im Übrigen nicht mal kannten, auf einer weit entfernten Insel, die wir niemals zu Gesicht bekommen werden, es zuließen, dass ein wehrloses Tier von Schweinen gefressen wurde. Solange wir uns gebührend dafür schämen, dass andere, uns ebenfalls unbekannte Vorfahren Sklaven von Inseln entführten, auf die wir ebenfalls nie einen Fuß setzen werden, soll das genügen.

Die Lockente

Enten sind fast so blind wie Hühner. Von fern erkennen sie ihre eigene Mutter nicht, geschweige denn irgendeinen willkürlichen Artgenossen. Dafür müssen sie teuer bezahlen. Einige hölzerne Entenattrappen auf einem See genügen, und sie fliegen, angelockt von der Aussicht auf etwas Kontakt und Geselligkeit, direkt vors Jagdgewehr. Früher fing man die Enten in so genannten Kojen, ein Wort, das mit dem niederländischen *kooi* für Käfig verwandt ist. Eine Entenkoje besteht aus einem mit dichtem Gebüsch umwachsenen Süßwasserteich, der zudem mit Netzen umspannt ist. Als Lockvögel dienen dabei aber keine Holzenten, sondern echte Wildenten, und zwar gezähmt: Volksverräter.

Auch Gänse sind außerordentlich kurzsichtig. Man kann sie mit Strohsäcken locken, denen man einen Papierkopf aufgepinnt und rechts und links Flügel von früher geschossenen Gänsen angeheftet hat. Auch diese Trottel kommen gleich angeflogen. Fische lockt man mit künstlichen Fliegen am Haken. Die Angler von heute wollen sich vom Mief der Briefmarkensammler und Taubenzüchter befreien und widmen sich in Gesellschaft von Golf- und Hockeyspielern dem Fliegenfischen. Sogar Pferde und Katzen lassen sich hereinlegen, von Verhaltensforschern zum Beispiel. Die hielten ihnen Artgenossen aus Karton vor, ohne Vorzeichnung freihändig ausgesägt, worauf die Tiere an deren Nasen schnupperten und das papierne Geschlecht inspizierten. Offensichtlich reicht die Silhouette aus, um einen Artgenossen zu erkennen.

Menschen kennen das auch. Etwas Großes mit einem Euter dran ist eine Kuh, mit Streifen wird ein Zebra daraus, und ragt vorn ein Horn empor, dann ist's zweifellos ein Nashorn. Im Dunkeln erkennt man an den schrägen Augen die Katze, ein treudoofer Blick muss zu einem Hund gehören. Die Hersteller von Lockenten und künstlichen Fliegen kennen sich damit aus. Ein Stück Holz und ein paar Federn genügen, um die Essenz einer Art einzufangen. Früher brauchte es nur ein paar Farbtupfer und aus einer Holzpantine wurde eine Ente, mit der man echte Enten hinters Licht führen konnte, jedenfalls in der Dämmerung. Dass das auch mit den Jägern gelang, beweisen die zahlreichen Schusslöcher in alten Exemplaren.

Einen Jäger erkennt man unschwer an seinen grünen Loden- und Jodelkleidern. Doch was macht einen Menschen zum Menschen? Sein aufrechter Gang natürlich, zwei Augen, rechts und links von der Nase, und sein zu den unpassendsten Momenten geäußertes »Tschüsschen!«. Hat ein Mensch große Lust auf einen Mitmenschen, dann ist er bereit, in zwei Rundungen, zwei langen Beinen und dem Hauch eines Lächelns die Artgenossin zu sehen.

Nur selten wird ein Mensch sich in der Art vertun. Und wenn, dann allerhöchstens beim Affen. Ein Affe mit Hut und Brille kann menschenähnlicher aussehen als so mancher Nachbar. Denn Hut und Brille sind nun mal typisch menschliche Attribute; Kleider machen Menschen. Umgekehrt vermutet man in den elegantesten Anzügen einen Gorilla, das kommt in Sportsendungen relativ häufig vor. Am Anzug ist nichts auszusetzen, also muss es einen anderen Grund für die Verwechslung geben. Der ist schnell gefunden: Es liegt am Mangel des menschlichen Kennzeichens par excellence, der artikulierten Sprache. Tiere können zwar auch Geräusche hervorbringen, aber die fehlende Artikulationsfähigkeit stempelt sie zum Tier.

Ohne Kleider fällt die Zuordnung schon schwerer, was sich oft im Bett zeigt. Keiner wird behaupten wollen, dass das Stöhnen beim Orgasmus etwas mit artikulierter Sprache zu tun habe. Hier führt deutlich das Tier im Menschen das große Wort. Kein Zweifel, es amüsiert sich gerade. Ich gönne es dem Tier in mir ja von Herzen. Aber was ist mit mir?

Der Graupapagei

Marjan setzte sich näher an den Ofen, sie zitterte. Da Öl und Gas so teuer sind, kann sich so manche allein erziehende, von Sozialhilfe lebende Mutter nur durch Zittern und Klagen warm halten. Aber bei wem sollte sie klagen? Ihr Töchterchen Natascha lag schon seit einer Stunde im Bett und schlief; ihre einzige Gesellschaft war der Papagei. Und sich mit einem Papagei zu unterhalten, fand Marjan doch ein wenig armselig. Außerdem sagte Jacco sowieso nichts, er hatte das Sprechen nie gelernt, und die Garantie war längst abgelaufen. Marjan zitterte noch immer. Ihre Finger waren steif geschwollen von der Kälte und voller Hornhaut vom Umdrehen der Pfennige.

Jacco kreischte. Er sah auch schon reichlich heruntergekommen aus. Marjan gab ihm ein paar Extrakörner. Die letzten. Hat nicht auch ein Tier Anrecht auf eine Extraportion an Heiligabend? Und ein Mensch? Marjan seufzte. Sie hatte Lust auf einen Schlummertrunk, aber für Alkohol war schon gar kein Geld übrig. Mechanisch ging sie zum Schrank und öffnete ihn. Viel stand nicht mehr drin, immerhin eine Flasche Wermut. Weil sie den nicht so gern mochte. Allerdings war es auch schon sehr lange her, dass sie Wermut getrunken hatte, vielleicht schmeckte er ja doch. Marjan nahm einen Schluck. Zunge und Kehle protestierten heftig, aber vom Magen oder irgendwo dort in der Nähe her breitete sich etwas Friedliches aus. Mit der Flasche und einem alten Kristallglas – das hatte sie noch von Oma – setzte sich Marjan wieder hin und dachte an frühere Zeiten. An Weihnachten zu Hause und an Henk natürlich, mit dem zusammen sie Natascha bekommen und Jacco gekauft hatte. »Er kann achtzig Jahre alt werden«, sagte der Verkäufer, »er wird Sie beide überleben.« Jetzt hatte Henk den Videorekorder und sie den Papagei. Und jedes Mal, wenn sie das Tier anschaute, musste sie an Henk denken. Sie waren doch trotz allem glücklich gewesen. Verdammt noch mal.

Je leerer die Wermutflasche wurde, desto stärker wurden die Gedanken an Weihnachten. Baum, Kerzen, Besuch, Fasanenbraten. Beim fünften Glas Wermut begann sich zu rächen, dass Wermut ein Aperitif ist: Der Fasanenbraten drängte sich in ihrer Erinnerung immer mehr in den Vordergrund. Zwischen dem siebten und achten Glas aber fing der Hunger zu nagen an. Man stelle sich vor, morgen, am ersten Weihnachtstag, gäbe es Fasanenbraten! Wie früher, was würde Natascha für Augen machen! Traurig schüttelte die allein erziehende Mutter den Kopf und ließ den Blick durchs Zimmer schweifen. Dass ihr nicht schon früher aufgefallen war, wie sehr ein Papagei einem Fasanen ähnelt. In Marjans Augen funkelte es merkwürdig. Es war das Funkeln, das Henk letztendlich aus dem Haus getrieben hatte. Sie trank noch einen. Die Frage lautete jetzt nicht mehr, ob, sondern wie! Ein Messer oder ein Beil kam nicht in Frage. Das gäbe ein Blutbad, und das an Weihnachten.

Auch diesmal lag die Lösung im Schrank. Marjan zupfte ein großes Stück vom Wattebausch, schüttete Chloroform darauf und drückte es dem Graupapagei auf den Schnabel, bis dieser schlapp von der Sitzstange in ihre Arme fiel. Wie ein kleines Baby hielt sie ihn zwei Gläser lang fest. Nach dem zwölften Glas nahm sie den Vogel zwischen die Knie, so wie sie es in den Ferien bei den französischen Bäuerinnen gesehen hatte, und rupfte ihm mit eher entschlossener als sicherer Hand die Federn aus.

Um Viertel vor zwölf, es waren nur noch ein Fingerbreit Wermut und zwei Schwanzfedern übrig, da geschah es. Marjan blieb schier das Herz stehen, als sie in dem lauwarmen Körper unter ihren Händen plötzlich etwas klopfen fühlte, erst schwach, dann stärker. Sprechen konnte Jacco zwar noch immer nicht, aber kreischen. Niemals zuvor hat die Evolution eine merkwürdigere Zusammenstellung hervorgebracht als diesen mit nichts als einer Gänsehaut bekleideten, kreischenden Papagei, zeternd und zitternd zwischen den Knien eines betrunkenen Säugetiers.

Als Natascha am Morgen des ersten Weihnachtstages auf Strümpfen ins Wohnzimmer schlich, saß ihre Mutter schief auf dem Stuhl und schlief. An der Mascara, dem letzten Zugeständnis Marjans an ihre Eitelkeit, konnte Natascha sehen, dass ihre Mutter geweint hatte. Im Käfig saß Jacco auf seiner Stange und gab sich – schwanzlos, wie er war – alle Mühe, nicht herunterzufallen. Aber das war nicht das Merkwürdigste daran. Merkwürdig war vor allem, wie der dicke Papageienhals aus einer dicken Umhüllung von alter Schafswolle und Sicherheitsnadeln herausragte. Der Papagei zitterte. Natascha schob ihn näher an den Ofen, während sie sich vornahm, etwas Passenderes für ihn zu stricken.

Es nutzte nichts mehr. Am zweiten Weihnachtstag war Jacco tot. Erstens zu spät und zweitens vergeblich. Der Hunger war ihnen vergangen. Sie begruben ihn nur.

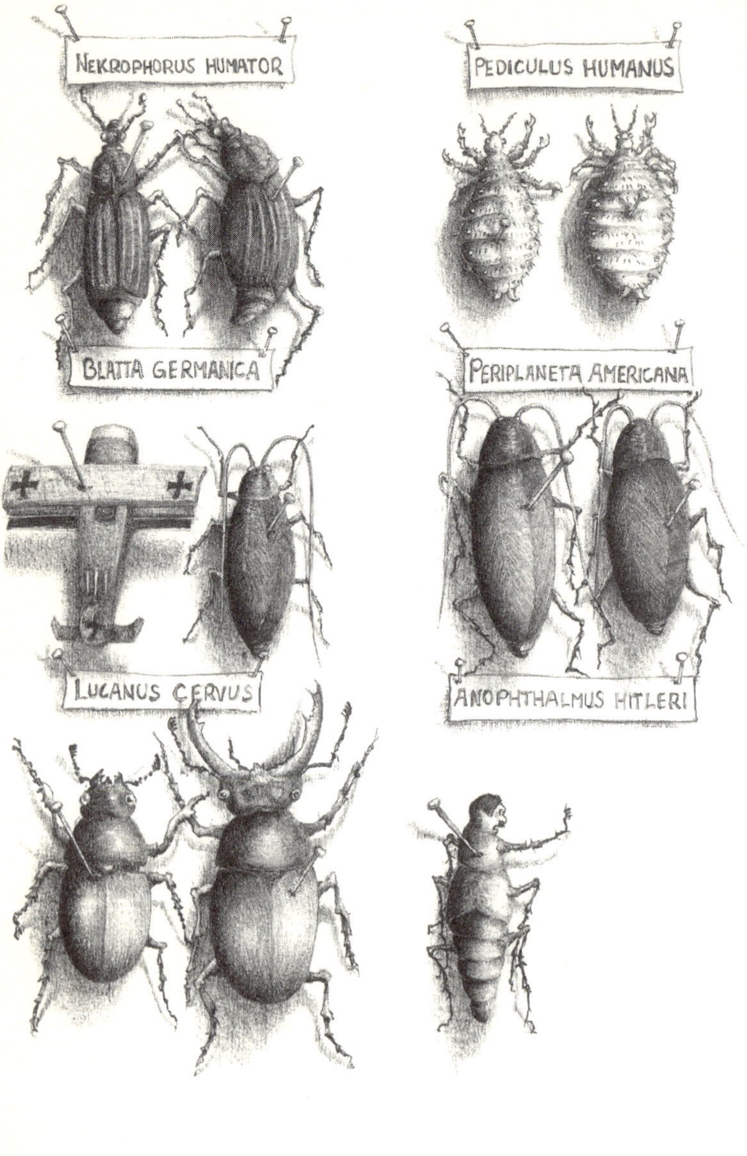
NEKROPHORUS HUMATOR
PEDICULUS HUMANUS
BLATTA GERMANICA
PERIPLANETA AMERICANA
LUCANUS CERVUS
ANOPHTHALMUS HITLERI

Insekten und was sonst noch kriecht

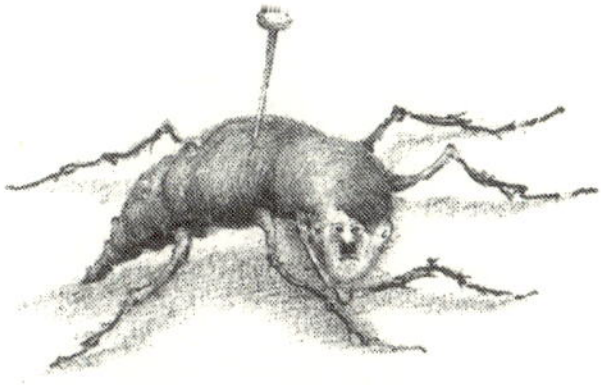

Der Stachelhäuter

Der tiefere Sinn jeden Sammelns liegt darin, das Gesammelte irgendwo hineinzustecken: die Briefmarke in ein Album, die Kastanien in die Tasche einer Jungenhose, die Nase in die Angelegenheiten anderer. Deshalb sind Insekten fürs Sammeln auch so gut geeignet. Die stecken nämlich schon irgendwo drin, weil sich ihr Skelett außen befindet. Insekten festzupinnen ist ein großes Vergnügen. Der reinste Ohrenschmaus, dieses leise Knacken, mit dem die Nadel das Skelett durchsticht – oben rein und unten wieder raus. Und weil das Weiche innen ist, verwest ein festgepinntes Insekt auch nicht.

Sollte auch Gott eine Leidenschaft für das Festpinnen von Dingen hegen, dann nimmt er dazu vielleicht Flugzeuge: Fokker neben Fokker, DC 8 neben DC 8. Auch sie haben ein Außenskelett. Dass in ihrem Innern Menschenfleisch vermodert, ist Nebensache, solange die Außenseite glatt und heil bleibt. Allerdings wird auch Gott vorher säuberlich die Fahrgestelle ausklappen und die Querruder in Ruhestellung bringen wollen. Bei Insekten ist so etwas einfacher; die arbeiten dabei nämlich mit, bis in den Tod. Stundenlang bleiben Beine und Fühler geschmeidig, so dass Zeit genug bleibt, sie in die richtige Stellung zu bringen, danach werden sie durch die eintretende Leichenstarre in der gewünschten Stellung fixiert. Ein Insekt, das sich präparieren lässt, ist die Wehrlosigkeit an sich. Insekten muss man einfach gern haben.

Es gibt Leute, die mögen Spinnen besonders. Sie finden ihre Erfüllung in endlosem Abzählen der acht Spinnenbeine. Ich will ja keinem auf den Schlips treten, aber man fragt sich schon, was jemand daran findet. Was würden Sie zum Beispiel sagen, wenn Ihre Tochter mit so einem Spinnenliebhaber nach Hause käme? Zugegeben, die Gefahr ist nicht besonders groß. Aber das liegt nicht daran, dass sich Spinnenliebhaber auf dem Heiratsmarkt rar machen, sondern an der schlechten Präparierbarkeit von Spinnen. Damit kann man wirklich keinen Blumentopf gewinnen. Nicht mal in Spiritus sehen Spinnen gut aus mit ihren um den Leib verknoteten Beinen.

Warum ärgern die Spinnen die Spinnenliebhaber nur so und winden nach dem Tod ihre Beine zu unentwirrbaren Knäueln zusammen? Das wird einem klar, wenn man einer lebenden Spinne die Spitze eines ihrer Beine abschneidet. Dieses Bein zieht sich sofort zusammen. Es ist leckgeschlagen. Die Spinne verfügt, wie jeder Käfer oder Mensch auch, über Muskeln, um die Beine anzuziehen, aber sie hat keinen Trizeps, mit dessen Hilfe sie diese wieder strecken könnte. Stattdessen presst sie Körperflüssigkeit hinein. Mit dem Druck von einer halben Atmosphäre funktioniert das so gut wie ein Muskel. Beine, die ausschließlich mit Wasserdruck arbeiten, finden sich bei Seesternen, Seeigeln und anderen Stachelhäutern. An den Unterseiten seiner Arme hat ein Seestern eine Doppelreihe fast durchsichtiger kleiner Füßchen; Beine sind keine zu sehen. Mit dieser Behelfskonstruktion können Seesterne immerhin eine

Geschwindigkeit von einem halben Kilometer pro Stunde erreichen. Und als Saugnäpfe eingesetzt, öffnen diese Füßchen Widerborstigkeiten wie eine verschlossene Muschel mühelos. Man kann sich kaum vorstellen, welche Kräfte sich in einer ausschließlich auf Wasserdruck basierenden Mechanik verbergen. Kein einziger Knochen, kein Gelenk kommt dabei zum Einsatz. Knochen und Gelenke finden sich nur bei den höheren Tieren, die ein Innenskelett haben. Und beim Menschen natürlich.

Dennoch verfügt ungefähr die Hälfte meiner geschätzten Leser über ein Organ, das mit eben dieser Wasserdrucktechnik arbeitet. Dabei kann es plötzlich auf fünffache Länge und dreifache Dicke anschwellen. Darüber wundert sich dann immer wieder die andere Hälfte meiner Leserschaft. Verwelkt dieses Organ aber plötzlich, reagiert die erste Hälfte mit Fassungslosigkeit. Verzweifelte Blicke allenthalben. Woher schnell Wasser für den Pimmel nehmen? Noch viel erstaunter aber wäre ein Seestern, der das zu Gesicht bekäme. Wie kommt ein so riesiges Wesen bloß mit so einem winzigen Füßchen aus?

La Cucaracha

Ganz ganz tief in der sprachwissenschaftlichen Verteufelecke sitzen die Kakerlaken. Kein Wort ist geeigneter, Widerwillen verächtlicher auszudrücken als dieses; kein Wort passt besser zu diesem vernichtenden Zerquetschen, dem genüsslichen Hin- und Herdrehen der Schuhspitze, als trete man eine Zigarette aus. Doch dieses verachtenswerte Schimpfwort »Kakerlake« stammt ab vom spanischen *la cucaracha*, das einfach Raupe bedeutet und so liebreich klingt, dass man einen Evergreen daraus machen konnte.

So verhasst die Kakerlake auch ist, vorzuwerfen ist ihr kaum etwas. Sie ist alles andere als schmutzig. Das Tierchen putzt sich den lieben langen Tag. Stacheln und Haare auf den Beinen werden penibel sauber gehalten, die Fühler wie Zahnseide durch spezielle Kieferbürsten gezogen. Durchaus möglich, dass Kakerlaken Krankheiten übertragen, aber wirklich überzeugend bewiesen wurde das bisher nicht. Falls Sie eine Kakerlake im Essen finden, sollten Sie getrost weiteressen. Das jedenfalls hat der amerikanische Entomologe Howard Evans getan, als er in einem Restaurant ein Beefsteak mit Zwiebeln verzehrte. »Ich aß meinen Teller vollkommen leer«, schreibt er, »bis auf die Kakerlake. Die drapierte ich so hübsch wie möglich mitten auf dem leeren Teller, Fühler und Beine artig gespreizt. Der Ausdruck auf dem Gesicht des Obers war jedes Gesundheitsrisiko wert, das ich damit eingegangen war.«

Gelegentlich befremdet mich die Kakerlake, dann steht sie mir vollkommen fern, in manchen Augenblicken aber ist sie mir merkwürdig vertraut. Die glücklichsten Augenblicke meines Lebens teile ich mit der Kakerlake. In ihr erkenne ich mühelos eine Eigenschaft wieder, die die Kakerlaken schon seit 250 Millionen Jahren am Leben erhält und mir meinerseits nun auch schon seit über fünfzig Jahren Momente höchster Behaglichkeit verschafft: die Thigmophilie. *Thigmos* ist das Berühren, und die Endung *philie* bedeutet, etwas angenehm finden. Kakerlaken fühlen am liebsten auf allen Seiten zugleich etwas. Sie wollen umringt sein: der Bauch auf etwas drauf, der Rücken irgendwo drunter, die Körperseiten rechts und links an irgendwas dran. Diese Neigung führt sie ganz von selber in sichere Hohlräume, unter Baumrinde, zwischen abgefallenes Laub, hinter Tapeten und unter Teppiche. Manche Menschen teilen diese Vorliebe. Wo ist es gemütlicher als im Bett, umhüllt von Daunen und Decken, wenn nur noch die Nasenspitze herausschaut? Was den Kakerlaken ihre Spalten, Löcher und Ritzen sind, sind uns Telefonzellen, Kostümkisten, Alkoven, Dunkelkammern, Fünfhunderter Fiats, Sonnenbänke. Herrlich gemütlich. Cocooning.

Stammen wir am Ende von den Kakerlaken ab? Natürlich nicht. Da haben wir schon mehr gemeinsam mit einem anderen Thigmophilen par excellence: der Katze. Womit macht man seinen Katzen, meinen jedenfalls, an deren Geburtstag die größte Freude? Nicht mit einer Maus oder einem Pfund Herz, auch nicht mit hunderttausend Gulden, sondern mit einer Schachtel, in die sie gerade noch hineinpassen. Dieser stumpfsinnige Blick in ihren Äuglein, wenn das Köpfchen gerade noch über den Schachtelrand hinausschaut, das ist das wahre Glück – der Zustand höchster Glückseligkeit, den die Mystiker sämtlicher Jahrhunderte anstrebten.

Ob es wohl teuer ist, sich eine altertümliche Bettstatt zimmern zu lassen?

Das Silberfischchen

Neugier will nicht befriedigt, sondern gereizt werden. Fragen sind lustiger als Antworten. Deshalb sind junge Menschen auch fröhlicher als alte. Bei Kindern sprudeln die Fragen nur so; die Erwachsenen haben die Plage mit den Antworten.

»Papa, warum ist der Himmel blau?« Papa seufzt. Er erinnert sich, dass er es einst auf der Schule gelernt hat, es hat irgendetwas mit der Absorption des ultravioletten Lichts und mit Brechungsindexen zu tun, oder so. Einfallswinkel ist gleich Ausfallswinkel. Aber er will seinen Sohn nicht gleich entmutigen. »Weil Blau eine so schöne Farbe ist«, sagt er, obwohl er genau weiß, wie die nächste Frage lautet: »Und warum ist Blau so schön, Papa?«

Trotz guter Ausbildung laufen eine Menge Leute mit schlechter Laune herum. Sie haben keine Fragen mehr. Taucht doch mal eine auf, dann wird rasch ein Brief ans Radio oder die Zeitung geschickt. Einmal wollte eine Dame in einer Fragestunde im Radio etwas über Silberfischchen wissen, und mir oblag es, ihr zu antworten. Zur Erklärung: Silberfischchen, das sind die lebendigen Minizigarren, die wie Quecksilberkügelchen durch Ihren Badezimmerunterschrank huschen. Sie kennen sie mit Sicherheit. Die Dame wollte wissen, was sie fressen. Ich wunderte mich über diese Frage. Wollte sie sie vielleicht füttern? Nein, das war es nicht. Sie wollte sie loswerden. Mit Fallen, dem Staubsauger oder mit Gift. Ob ich wüsste, womit es am besten ginge?

Was gibt es doch für schreckliche Menschen auf der Welt! Silberfischchen tun keinem was zu Leide. Sie finden es einfach irre gemütlich bei uns. *Our home is their castle.* Das Bemerkenswerteste an ihnen ist die Feindschaft, mit der wir ihnen begegnen. Doch warum? Ich kenne jemanden, der an den Mäusen unter seinem Dielenboden die reinste Freude hat. Er füttert sie sogar. Warum auch nicht? Mit welchem Recht füttert man zahme Mäuse in ihren schrecklichen Gefängnissen und Hausmäuse, die uns freiwillig Gesellschaft leisten, nicht?

Was im Haus noch eine Ausnahme ist, ist draußen schon längst eine Selbstverständlichkeit. Dort füttern wir Spatzen und Meisen. Und seit ein paar Jahren sogar Reiher. Sie haben sich so explosiv vermehrt, dass man inzwischen neben jedem Angler einen Reiher stehen sieht. Der Angler überlässt den Fang gehorsam seinem Reiher, der ihn verschluckt, als wäre es die normalste Sache der Welt. Mancher Angler schämt sich gar, wenn es ihm nicht gelingt, für seinen Vogel etwas zu fangen.

Neulich beobachtete ich so einen erfolglosen Angler, dessen Reiher neben ihm sichtlich immer hungriger wurde. Bis der Angler den Druck nicht mehr aushielt und verzweifelt eine Büchse aus seiner Proviantttasche zog. Eine Büchse Sardinen. Im Nu hatte der Reiher die silbernen Fischchen verschlungen. Bei so einem Anblick geht die Fantasie mit mir durch: Ich sehe einen armen portugiesischen Fischer vor mir, der bei Windstärke acht in See sticht und unter Gefahr für Leib und Leben diese Sardinen fängt, wobei er dauernd an den schlaksigen Spanier denken muss, mit dem seine Tochter durchgebrannt ist. Möglicherweise wird bei dieser Fahrt sogar ein Mann über Bord gespült, was Gott verhüten möge. Schließlich kehrt der Fischer zum Hafen zurück, wo er die Sardinen zum Spottpreis einem Ausbeuter überlässt, der sie von Fischerswitwen verpacken lässt. Ein blasser, von Ruhm und Ehre träumender Jüngling bringt die Sardinenbüchsen mit einem Laster in die Niederlande, wo die Fische dann über den Großhandel, den Einzelhandel und den Angler am Ende im Magen des Reihers landen. Damit wäre dann der Kreislauf der Natur wieder geschlossen. Wenn auch auf sehr umständliche Weise. Was wiederum eine Menge Fragen aufwirft. Gott sei Dank.

Der Hitlerkäfer

Es gibt eine Comiczeichnung, die ich nie vergessen werde. Im Vordergrund sieht man zwei Vögelchen in einem Baum sitzen. Unter ihnen beobachten Ornithologen einen Vogel in der Ferne. Sagt das eine Vögelchen zum anderen: »Verdammt, die da unten haben Recht; es ist wirklich ein etwas grau geratener Schwarzstirnwürger!«

Besser ließe sich die Rolle von Namen in der Biologie kaum illustrieren. Einem Tier ohne Namen steht man hilflos gegenüber. Der Name ist ein erster Schritt der Annäherung und manchmal auch der letzte. Tausende von Amateuren freuen sich, wenn sie Pflanzen und Tiere, die sie auf ihren Wanderungen antreffen, auch benennen können. Der enorme Erfolg von Feld-, Wald- und Wiesenführern beweist, welche Ausmaße dieses Phänomen bereits angenommen hat. Es ist im Grunde ein Ersatz für die Jagd. Ganz früher wollte man sich der Tiere mit einem Gewehr bemächtigen – was übrigens einige in der Entwicklung heillos Zurückgebliebene immer noch wollen –, danach stürzte man sich mit der Kamera auf sie. Auf diese Weise schoss man wenigstens ein Foto als Trophäe. Aber inzwischen reichen uns die Namen vollkommen. Das gilt nicht für den Wissenschaftler. Ist's kein Latein, ist er nicht zufrieden. Jede Tier- und Pflanzenart wird in der Biologie mit einem lateinischen Vor- und Nachnamen bezeichnet. Der Löwe heißt mit vollem Namen *Felis leo*. Jeder Biologie auf der Welt soll wissen, wer oder was gemeint ist. Meistens gelingt das auch, oft allerdings bleibt es bei der guten Absicht. Wer schon einmal Latein aus dem Munde eines Amerikaners gehört hat, weiß, was ich meine.

Als Linnaeus im 18. Jahrhundert wie der neue Adam lateinische Namen verteilte, hatte er es einfach. Er schlug nach, welchen Namen das Tier bei den alten Römern hatte oder umschrieb sein Äußeres: der Bucklige, der Grüne und so weiter – und übersetzte das ins Lateinische. Einige Gruppen benannte er nach antiken Göttern und Göttinnen. Davon gibt es zwar eine Menge, doch schließlich gingen sie ihm doch aus. Dieses Dilemma kennt jede Stadtverwaltung, wenn sie eine neue Straße benennen muss. Einen Namen mehr als einmal zu benutzen, ist natürlich unmöglich. Die Nachfolger des Linnaeus gingen dazu über, die Tiere nach Staatsoberhäuptern, Gelehrten und Politikern zu taufen. Das bekannteste Beispiel ist

Victoria regia (Königin Viktoria). Die Biologen späterer Zeiten wählten um des Gesetzes der Gewinnmaximierung willen oft die Namen derer, von denen sie sich Unterstützung, gleich welcher Art, erhofften. Kaum ein Naturkundler kann es sich leisten, eine neu entdeckte, noch namenlose Tierart nicht nach dem Direktor des Instituts zu benennen, an dem er tätig ist. So finden sich im Tierlexikon hübsch latinisiert alle Professoren verewigt, die jemals ein Naturkundemuseum leiteten. Aber die Sache hat einen Haken. Wer ein weniger herzliches Verhältnis zu seinem Direktor hat, wird dadurch Rache üben, dass er statt eines Paradiesvogels eine schleimige Nacktschnecke oder eine krankheitserregende Amöbe nach ihm benennt.

Aus diesem Grund ist die Intention jenes Namensgebers nicht ganz deutlich, der 1937 einem auf dem Balkan beheimateten Käfer den Namen Hitlers gab und diesen so für alle Zeiten als *Anophthalmus hitleri* verewigte. »Aus Verehrung«, behauptete der Entdecker zwar bei der erstmaligen Beschreibung des Tiers, doch der Umstand, dass es sich bei diesem Tier um einen braunen, blinden, kaum einen halben Zentimeter langen Käfer handelt, der unsichtbar und verborgen in dunklen Höhlen lebt, gibt einem doch zu denken.

Die Arbeitsameise

»Geh hin zur Ameise«, sprach Salomo, Sohn Davids, des Königs von Israel. »Geh hin zur Ameise, du Fauler, sieh an ihr Tun und lerne von ihr!« Das haben wir nicht getan. Wir gehen nicht hin zu den Ameisen, sondern schicken jemanden. Biologen und andere Fachleute. Die drehen Filme über die Ameisen und damit beginnt die Misere.

Die Ameisen im Film sind immerzu beschäftigt. Sie zerren und sie schleppen, sie schleifen und sie wuchten, und immer sind sie irgendwohin unterwegs. Oder nehmen wir doch mal die Bienen. Auch solche Streber. Hier ein wenig Nektar, da noch ein Tröpfchen Blumensaft, en passant rasch ein kleines Rapsfeld bestäubt, und dann husch, husch, wieder ins Körbchen, um für das Wohl des Staates sorgen. Bei einem Film über Biber glaubt man, es mit einer Reportage über die japanische Autoindustrie zu tun zu haben. Hetze, Hetze, nichts als Hetze. Das kommt daher, dass die Tiere im Tierfilm ständig irgendetwas tun. Die Brüllaffen brüllen, die Klammeraffen klammern, die Menschenfresser fressen Mensch. Vögel bauen dauernd Nester, um dauernd irgendein hungriges Schnäbelchen zu stopfen, es sei denn, die dauernden Vorbereitungen zum großen Vogelzug hindern sie daran. In der Natur herrscht Vollbeschäftigung. Tagediebe und Nichtsnutze gibt's da nicht. Im Tierfilm jedenfalls.

Die Tierfilme sind schuld daran, dass die Menschen glauben, sich selber auch ständig geschäftig geben zu müssen. Denn offensichtlich gibt uns das die Natur vor. Und so rasseln die Wecker vor dem Morgengrauen, wird fröhlich Arbeit geleistet und danach die Freizeit noch sinnvoll verbracht. Fleißig wie die Ameisen wollen wir sein. Aber lernen werden wir auf diese Weise nichts. Es sei denn, wir werden Tierfilmer. Denn Tierfilmer wissen genau, dass man fast immer Stunden, Tage, Monate warten muss, bevor die Natur endlich etwas tut, was sich zu filmen lohnt. Tiere sind keineswegs so geschäftig wie wir. Sie wissen nicht, dass das Leben kurz ist.

Zwar verausgaben sich Vögel vollkommen, um ihre Brut großzuziehen, aber nicht im August, September, Oktober, November, Dezember, Januar, Februar, März und auch nicht im April. Das bleibt dem Menschen überlassen. In dieser Zeit lassen es sich die Vögel besonders gut gehen. Und wenn es auch aussieht, als vollbrächten die Ameisen in so einem Haufen ständig irgendwelche nutzvollen Taten, schieben sie in Wahrheit nur einen Vierteltag lang Dienst. Ganz wie in den riesigen Einkaufszentren: ein ungeheures Gewimmel, aber kaum einer geht zielgerichtet irgendwohin. Und was meinen Sie, weshalb Biber wohl so eifrig an ihrem Damm bauen? Nur um danach umso ausgiebiger ruhen zu können. Aber so was zeigt kein Tierfilm, denn ein Tier beim Nichtstun bewegt sich nicht, und was sich nicht bewegt, kommt nicht ins Fernsehen.

Dabei ist Nichtstun durchaus eine Tätigkeit. Eine Stunde Nichtstun kann für ein Tier einträglicher sein als eine Viertelstunde harte Arbeit. Nichtstun spart Energie und damit Nahrung, die sich das Tier sonst wieder mühevoll zusammensuchen müsste. Nichtstun macht zwar nicht viel her, kostet dafür aber auch nichts.

Menschen tun zu selten nichts. Sie wollen immer etwas machen: eine Brücke, ein Haus, Krieg oder einfach Streit. Zu selten hören wir auf die Stimme unseres Körpers. So wie er uns mithilfe des Schmerzes lehrt, die Finger vom heißen Herd zu lassen, teilt er uns durch Müdigkeit mit, dass es jetzt mit dem Tun und Machen genug war. Man stelle sich vor, der Mensch hätte öfter einfach nichts getan. Dann hätten wir jetzt zwar vielleicht keinen Eiffelturm und keinen Whirlpool, aber auch keine Staus und keine vierspurigen Straßen, keinen Ponypark in Slagharen und keine Thronrede der Königin, kein Disneyland und auch keine Trabantenstädte wie Lelystad. Wo wir überall nicht hinzugehen bräuchten! Dann hätten wir endlich auch Zeit, nichts zu tun – oder einen Ausflug zu den Ameisen zu machen, um ihnen dabei zuzuschauen!

Das Weichtier

Der Mensch hat einen Kopf. Vorn in diesem Kopf befindet sich ein Hohlraum. Und in diesem Hohlraum lauert die Stirnhöhlenentzündung. Schlägt sie zu, hat man selber Schuld. Wäre man eben auf allen vieren gegangen. Denn wie alle Vierfüßler gingen auch wir in den Zeiten, als die Stirnhöhle erfunden wurde, auf allen vieren. Der Kopf hing nach unten. So konnte der Rotz von der Stirnhöhle leicht in die Nase fließen. Seit wir aufrecht gehen und den Kopf hoch tragen, verläuft dieser Abfluss in die falsche

Richtung. Daher kommt es immer wieder zu Verstopfungen. Und Stirnhöhlen lassen sich nur schwer schnäuzen.

Meistens jedoch kommt es gar nicht so weit. Der Rotz läuft aus der Stirnhöhle in die Nase, von der Nase in den Hals und vom Hals in den Magen, und der weiß genau, was er damit machen muss. Gott sei Dank, denn ungefähr alle zwanzig Minuten produziert die Nase eine neue Portion Rotz. Das macht pro Tag ein Kilogramm.

Müsste man jeden Tag vier Gläser Rotz trinken, dann hätte man wohl kaum noch Lust auf etwas anderes. Nicht weil der Rotz etwa zu salzig, zu süß, zu sauer oder zu bitter wäre, nein, sondern wegen der Konsistenz. Konsistenz ist die fünfte Geschmacksrichtung. Auch wenn Augen nicht hören und Ohren nicht sehen können, der Geschmackssinn kann tasten. Deshalb findet man Klumpen im Brei auch so widerlich wie Haut auf der Milch und ähnliche Glibbrigkeiten. In einem Anflug von Barmherzigkeit hat der Schöpfer deshalb in unserem Kopf einen hinterwärtigen Gang eingebaut, durch den der Rotz, ohne mit der Zunge und deren Geschmackspapillen in Kontakt zu kommen, in den Hals verfrachtet werden kann, ab in den Müllschlucker.

Und trotzdem gibt es Rotz, von dem man kosten kann: Austern. Beim Anblick einer Auster zurrt meine Zunge zusammen und kuscht sich in den hintersten Winkel meines Mundes, aber es gibt Leute, die halten so eine Schlampamperei für eine Delikatesse. Neulich verschlug es mich unversehens auf eine Austernparty. So an die hundert Menschen und ungefähr tausend Austern waren anwesend. Ein ungleicher Kampf. Stück für Stück glibberten die Weichtiere durch die wollüstigen Lippen der Liebhaber. Ein Ekel erregender Anblick. Ich dachte immer, nur schmierige alte Männer wären der Austernliebhaberei verfallen, aber auch schmierige junge Männer und Flittchen aller Altersstufen scheinen diesem Laster zu frönen. Es war nicht einmal so sehr dieses Geglibber und Geschlürfe, das mich abstieß, sondern das fettaugenzwinkernde Verschwörertum, diese schulterklopfende Kumpanei, die etwas von einer Bordellatmosphäre an sich hatte. Einem Essbordell. Dieser Eindruck wurde noch verstärkt durch die Bemühungen, das Vulgäre durch Chic zu tarnen. Die Kunst an den Wänden war prachtvoll, der Wein exquisit, der Gastgeber fein herausgeputzt. So ungefähr muss es in der Skybox eines Fußballstadions oder im Edelbordell von Amsterdam aussehen, dachte ich mir. Trotz der üppigen Konversation blieb das Schlürfen deutlich zu hören. Nicht das saftige, befreiende Schlabbern eines Pfirsichs, sondern das verschlagene Lutschen von Lakritze.

Und das macht das Austernessen auch so unappetitlich: nicht das arme Tierchen selber, das kann ja schließlich nichts dafür, sondern die Assoziationen, die sich dabei einstellen. Je mehr die kalkigen Muscheln wie Dachpfannen aussehen, desto eher muss man beim Innern einer Auster an das jahrealte bemooste und allerlei Kriechgetier beherbergende Zeug dazwischen denken. Und angeblich ist das Austerngeschlürfe durchaus zu ertragen, wenn man dabei jede Gedankenassoziation mit den prallen 0190er-Damen aus der nächtlichen Fernsehreklame vermeidet. Mir gelingt das nicht so gut. Ich will keine Stirnhöhlenentzündung als Vorspeise. Auch wenn so aus mir nie ein Feinschmecker wird. Mir doch egal.

Die Stechfliege

Eine wirkliche Prinzessin weiß, was sie zu tun hat: nämlich Frösche küssen. Echte Frösche, keine Kröten. Kaum eine Prinzessin sucht den intimen Kontakt mit einer Kröte, obwohl zwischen Fröschen und Kröten kein wesentlicher Unterschied besteht. Im Allgemeinen nennt man die schlanken Springer Frösche und die dicken Hüpfer Kröten, aber es gibt auch schlanke Hüpfer und dicke Springer. Was dem einen die Kröte, ist dem andern der Frosch; mancher Froschtest endet mit einer Kröte.

Auch Krabben und Krebse kriechen in derselben Tiergruppe durcheinander. In der Regel heißen diejenigen mit den langen Körpern Krebse und die mit den kurzen Krabben. Bei den Mücken und Fliegen sind die Mücken die Dünnen und die Fliegen die Dicken. Sogar im Dunkeln sind sie noch gut auseinander zu halten. Wird man nachts gestochen, dann war das eine Mücke. Am Tag ist das schon schwieriger zu sagen. Dann gibt es neben den Stechmücken auch noch die Stechfliegen. Wo bei der normalen Fliege ein Saugrüsselchen sitzt, hat die Stechfliege Zähne. Die Weibchen jedenfalls, denn die Männchen stechen überhaupt nicht.

Stechfliegen sind so gefürchtet wie Hornissen. Nicht zu

bremsen allerdings sind die Bremsen. Sie sind die Spielverderber, die einem beim Sommerspaziergang um den warmen Leib summsen, bis man entweder verrückt oder gestochen worden ist, oder beides. Bremsensammler nutzen diese Eigenschaft, um sie zu fangen. Sie stellen ihr Auto irgendwo in der sengenden Sonne ab und lassen das Fenster einen Spalt offen. Im Nu ist das ganze Auto voll tollwütig summsender Bremsen. Eine kleine Giftwolke gespritzt und das Fenster zugemacht! Und schon ist die Wissenschaft um eine Sammlung reicher.

Die zoologische Sprachverwirrung erreicht ihren Höhepunkt in der englischen Sprache. So kennen Engländer den Oberbegriff »Schnecken« nicht. Sie haben nur *snails*, das sind die Schnecken mit Gehäuse, und *slugs*, das sind die Nacktschnecken. Will man über Schnecken im Allgemeinen reden, dann muss man sagen: *snails and slugs.* Genauso heißen manche Rochen bei ihnen *skates*, während andere – Gott weiß warum – *rays* heißen. Außerdem halten die Engländer den Unterschied zwischen Wasserschildkröten und Landschildkröten für groß genug, um statt allgemein »Schildkröten« jeweils *turtels and tortoises* zu sagen. Tintenfische sind *squids and octopusses.*

In einem Fall aber macht dieser Volksmund des sinnlosen Unterschieds das Leben leichter. Die Engländer haben nicht nur keine Oberbegriffe für Schnecken, Rochen, Schildkröten und Tintenfische, sondern auch nicht für Affen. Mit *apes* werden nur die Menschenaffen bezeichnet, ob mit oder ohne Gibbons, der Rest heißt schlichtweg *monkeys*. Unsere Affen sind ihre *apes and monkeys.* Kaum verwunderlich also, dass die Evolutionstheorie zuerst in

England ins Kraut geschossen ist. Die Tatsache, von den *apes* abzustammen, ist für einen Engländer längst nicht so schlimm wie für uns die Abstammung vom Affen. Ein Engländer braucht sich nur zum höchsten aller Menschenaffen zu erniedrigen, und damit hat sich's, während wir gleich sämtliche Brüllaffen und Meerkatzen in der Familie haben. Ein Engländer ist kein nackter Affe wie wir, nein, wenn er sich ins Tierreich einreihen lässt, dann ganz oben an die Spitze.

Fällt im täglichen Leben der Unterschied zwischen Frosch und Kröte, Mücke und Fliege, Affe und Menschenaffe auch kaum ins Gewicht, so herrscht innerhalb unserer eigenen Art doch ein gewisses Maß an Verwirrung. In der Regel nennen wir den breitschultrigen Schmalarsch Mann und den schmalschultrigen Breitarsch Frau, aber der Unterschied scheint immer mehr zu verschwimmen. Wo das Äußere keinen sicheren Anhaltspunkt mehr bieten kann, bleibt einem oft nichts anderes übrig, als auf Taten zu warten. Denn beim Menschen sind es die Männchen, die stechen.

Die Schamlaus

Ein Fell lässt sich streicheln, es spendet Wärme und dient als fester Wohn- und Aufenthaltsort für Läuse. Für Läuse ist so ein Fell ein herrlicher Wald, in dem sie nach Herzenslust herumklettern und Versteck spielen können. Das

Fressen saust zapfbereit in den Blutgefäßen vorbei, und das Klima lässt sich ganz leicht regulieren: Dicht an der Haut ist es im Winter schön warm, etwas höher an den Haaren ist es im Sommer so kühl wie auf den Sommersitzen der Kolonialherren im Bergland von Indonesien.

Die furchtbarste Epoche in der Geschichte der Menschenläuse muss deshalb die Zeit gewesen sein, als unser Vorfahr, der Affenmensch, sein Fell verlor. Was sich heute nur noch auf den Köpfen der meisten Männer mittleren Alters abspielt, grassierte damals am ganzen Körper, bei Männern wie bei Frauen. Die weitläufigen Wälder der Schulterhügel, das schattige Blätterwerk auf dem Hintern, nahezu das gesamte Waldgebiet wich einer dürren Wüste der Nacktheit, die sich mit der Geschwindigkeit der Sahelzone in den übellaunigsten Weissagungen eines Professor Grzimek ausbreitete. Ihrer Deckung beraubt und versengt von der brennenden Sonne, starben die Läuse auf den kahlen Flächen einen grimmigen Tod. Es muss ausgesehen haben wie nach dem Abwurf einer Atombombe.

Ganz ausgestorben sind die Läuse zum Glück nicht. In kleinen Gruppen harren sie aus, in den isolierten Reservaten der Zöpfe, Schnurrbärte, Dauerwellen und Backenbärte, wo sie die Erinnerung an ihre paradiesischen Urzeiten mit erhabenen Epen voller Kollektivschuld und Erbsünde lebendig halten. Andere Läuse haben umgeschult, um in Kunstfellen aus Pelz, Baumwolle und Leinen existieren zu können. Ein hartes, undankbares Dasein, in dem einmal pro Woche die Bombe fällt. Montag ist Waschtag.

Da haben es die Kopfläuse besser getroffen. Man bekommt sie – wie den Französisch- und Mathematikunterricht – in der Schule. Kopfläuse sind so pädophil wie Bademeister. Vor allem auf Mädchen haben sie es abgesehen. Die haben so schön langes Haar und probieren auch gern mal die Mütze ihrer Freundin aus. Haarewaschen kümmert die Kopflaus nicht. Mit ihren kleinen Klauen, die präzise auf die Dicke und Wachstumsdichte von Mädchenhaaren abgestimmt sind, klammern sie sich unter der Dusche ordentlich fest.

In bestimmten Waldgebieten der Eltern allerdings, dort wo die Haare dicker sind und weiter auseinander stehen, gedeiht die Schamlaus am prächtigsten. Das ist die einzige Läuseart, die auch auf Gorillas vorkommt, welche wiederum so aussehen, als wären sie von oben bis unten mit Schamhaar bewachsen. Unsere Schamläuse hausen in unseren Achselhöhlen, Augenbrauen und Wimpern, mit Vorliebe aber in den undurchdringlichen Wäldern weiter südlich. Und wie alle echten Südländer lieben sie Wärme und Feuchtigkeit. In ihrem tropischen Regenwald da unten klammern sie sich mit extrastarken Klauen an den dicksten Ästen fest. Das ist besonders dann angeraten, wenn das ganze Schamgebiet plötzlich in Bewegung gerät, wonach meist ein Erdbeben der Stärke dreizehn auf der Richterskala zu erwarten ist. Doch im Allgemeinen überlebt die Schamlaus diese Naturkatastrophe unverletzt; sie kommt durchschnittlich ja auch nur wenige Male in ihrem Leben vor. Manchmal aber bricht sie während der Kopulation ihrer Wirtsleute auch zur Reise ihres Lebens auf: Die Laus wechselt das Reservat. Allerdings ist die Frage, wie es eine Schamlaus in die Augenbrauen eines Menschen verschlägt, keineswegs leicht zu beantworten. Ich jedenfalls kann es mir nicht anders erklären, als dass jemand auf einer schmutzigen Klobrille einen etwas länger dauernden Kopfstand gemacht haben muss.

Die Motte

Nägelkauen ist eine feine Sache, der Nagel selber weniger. Nägel sind aus Keratin gemacht, einem Stoff, der sich weder in Wasser noch in anderen organischen Lösungsmitteln auflöst und sogar Enzymen Widerstand bietet. Zum Glück für leidenschaftliche Nägelkauer wachsen die Nägel maximal einen Millimeter pro Tag, alles in allem macht das höchstens einen Quadratzentimeter aus: genug, um daran zu nagen, aber zu wenig, um sich daran zu verschlucken. Auch der gierigste Nägelkauer würde vor einem halben Pfund Nägel pro Tag doch zurückschrecken. Da könnte er genauso gut ein Stück seines Pullovers oder den Gamsbart seines Tirolerhuts verzehren. Denn die sind aus demselben Zeug gemacht wie menschliche Haare, Pferdehufe und Nashornhörner. Das Keratin ist chemisch derart raffiniert zusammengesetzt, dass sich die Verdauung die Zähne daran ausbeißt.

Dennoch produziert die Natur große Mengen davon. Vögel machen Federn daraus. Offensichtlich von minderer Qualität, denn sie müssen sich jedes Jahr mausern. Geht man von durchschnittlich fünftausend Federn pro

Vogel aus und von einer Vogelfauna von fünfzig Millionen Exemplaren in den Niederlanden, dann muss die Natur mit jährlich zweihundertfünfzig Milliarden Abfallfedern fertig werden. Federn, die niemand haben will.

Fast niemand jedenfalls. Es gibt Insekten, die in Vogelnestern hausen, um an jedem einzelnen, gerade der Mauser zum Opfer gefallenen Federchen zu nagen wie der verbissenste Nägelkauer: Motten. Dabei wird es diesen Tieren nicht gerade leicht gemacht. Zum einen sind die Nester nur relativ kurze Zeit bewohnt, und zum anderen sind sie, wenn sie bewohnt sind, lebensgefährlich. Man muss als Insekt schon sehr bescheuert sein, um direkt vor der Nase eines Insektenfressers seine Heimstatt zu suchen.

Was für ein Segen war es deshalb, als der Mensch damit begann, Reste von Tierkadavern zu Kleidung umzufunktionieren. Pelzmäntel, Tirolerhüte, aber auch normale Wollpullover bildeten von nun an das Gelobte Land für die armseligen Vogelfedernnager. Dass der Mensch ihnen aber nur erlauben wollte, an Fellen ohne Knöpfe oder Kragen zu knabbern, wollte den Motten aber nicht in den Kopf, und so begann zwischen Motte und Mensch ein Kampf, in dem die Motte dem Menschen von Anfang an haushoch überlegen war. Geborgen in ihrem selbst gesponnenen Häuschen fraß sich die Mottenlarve durch jede Mode durch, zum Ärger der meisten, doch zur Freude des niederländischen Insektenforschers Swammerdam. Der lebte im 18. Jahrhundert und rühmte die Bescheidenheit des Tieres, »welches sich mit einem angenehmen Plätzchen für seinen kleinen Leib begnügt, wodurch es sich doch sehr vom Menschen unterscheidet, dessen unvernünftige Gewohnheit es ist, sich in schwerer Arbeit zu erschöpfen oder gar zu ruinieren, und das nur, um eine große Anzahl Zimmer oder gar Säle zu unterhalten, deren Teppiche und Tapeten doch keinen mehr beglücken als den Mottenwurm, welcher sich gerne an ihnen gütlich tut«.

Motten haben eine vortreffliche Tarnung. Frisst die Larve rote Wolle, wird sie selber rot. Sogar ihre Ausscheidungen sind dann rot, während das erwachsene Insekt, wenn es stillsitzt, aussieht wie ein Vogelschiss. Doch seit die Motte aus den Vogelnestern in die Menschenhäuser zog, lässt vor allem letztere Tarnung zu wünschen übrig, sodass der Mensch das unschuldige, erwachsene Tierchen wie besessen verfolgt und dabei die Larven mit Pelzmänteln und Hochzeitskleidern füttert.

Heute wird jede Textilie in der Fabrik wirksam gegen Motten imprägniert. Doch wie groß muss die Genugtuung von Gartenmotten sein, die sich in die Häuser verirren und sehen, wie der moderne Mensch sicherheitshalber auch noch zum Insektenvernichtungsmittel greift. Denn das hinterlässt gemeine gelbe Flecken, wo sonst nur kleine Löcher gewesen wären.

Die Knoblauchkröte

Siehst du, ich liebe dich,
So lieb ist mir dein Gesicht –
Und deine Augen, sie sind voller Licht,
Ich lieb dich so sehr, ach, wie lieb ich dich,
Und deine Nase, dein Mund und dein Haar,
Und deine Augen, dein Hals so wunderbar
Mit diesem Bändchen und dazu dein Ohr,
Vor dem sich kringelt ein Löckchen davor.
Du bist mein Alles, du bist mein Leben –
Soll ich dir Sheba oder Felix zum Fressen geben?

So ähnlich wie der Dichter Hermann Gorter muss man zu Katzen sprechen. Jeden Tag, nur so kann man ihnen angemessen seine Liebe bezeugen. Dennoch lässt sich Liebe nur schwer in Worte fassen. Verliebt, wie man ist, verfällt man nur allzu leicht in hoffnungsloses Gebrabbel wie: »Kommmiezchenfiezchenwillstdufeineshappihappikommmeinliebchenherzupapi«. Aber so wie auch der verbohrteste Heimwerker eines Tages den Klempner kommen lassen muss, wendet sich auch der hartgesottenste Liebhaber, nachdem sein erstes Liebesgedicht wie eine selbst geklebte Tapete schmählich von der Wand gesunken ist, dem Fachmann zu: den Dichtern.

Was wiederum nicht heißt, dass Dichter zwangsläufig mehr von der Liebe verstünden als andere Leute. Schließlich braucht man ja auch nicht tot zu sein, um über den Tod schreiben zu können. Beim Dichten von Liebesgedichten muss man eher etwas vom Dichten verstehen als von der Liebe. Vielleicht liegt es daran, dass die schönsten Liebesgedichte der Weltliteratur irgendwie an einen Ersatzteilkatalog erinnern: die Wangen pfirsichzart, die Augen schamhaft niedergeschlagen, das Mündchen honigsüß. Auch der schreibende Biologe Dick Hillenius näherte sich der Liebe anatomisch, indem er die Ausstrahlung von Knoblauchkröten so erklärte: »Das Schönheitsideal bei den Kröten sind Dicksäcke mit goldenen Augen und senkrechten Pupillen.« Man könnte sich aber auch einer schnittigeren Wendung bedienen und wie der Dichter van Geel sagen, alle Kröten sähen jedenfalls irgendwie aus wie Königin Wilhelmina.

Die meisten Menschen stehen ihrem Objekt der Liebe verbal vollkommen machtlos gegenüber. Vor allem, wenn es sich dabei um Tiere handelt. Also streicheln sie sie einfach ein wenig. Oder sie greifen zu einer Notlösung. Wo Worte nicht mehr ausreichen, verleiht man seiner Liebe mit Körnern, Sprotten oder Bücklingen Ausdruck. In Zoogeschaften kann man die Liebe zu Körben verflochten kaufen oder in Deckchen verwoben. Oder verarbeitet zu einer Zeitschrift.

Seit die Kinderpornografie offiziell verboten ist, tauchen in den Zeitungskiosken immer mehr Streichelblätter auf, die Titel tragen wie »Das Tier«. Man kann darin über Mädchen lesen, die verwaiste Schimpansen großziehen, oder über Hundewelpen, die von einer Katze gesäugt werden. Wo im »Playboy« das Playmate ist, findet sich dort ein nackter Hamster in Posterformat, und weiter hinten zum Beispiel ein leckeres Rezept für das Meerschweinchen: Katzenfutter im Spinatbett. Die Tageszeitung »De Volkskrant« ist der Meinung, in Tierzeitschriften seien sämtliche Artikel in einer derart erbärmlichen Sprache verfasst, dass sogar die Haustiere sie mühelos lesen könnten. Darin näselt und rattert, brabbelt und sabbelt es und verschluckt sich an seiner eigenen Einfalt wie ein verliebter Teenager. Aber genau in dieser Sprache haben sich schon seit jeher die größten Liebespaare angestammelt. Ganze Zeitschriftenkioske und Buchhandlungen sind voll mit Liebesgeplänkel, das man in zwei Sätzen zusammenfassen könnte; zuerst der: »Ich liebe dich«, dem dann die drei Worte folgen, um die es im Grunde einzig geht: »Du mich auch?«

Der Bandwurm

Schwangere Frauen schwellen gefährlich an. Als Mann rutscht einem bei diesem Anblick das Herz in die Hose. Doch meistens nimmt es ein gutes Ende, obwohl das Kind, das nach endlosem Gepresse schließlich zu Tage tritt, enttäuschend klein ist. An der Konstruktion des Säugetieres ließe sich noch einiges verbessern. Doch kaum eine Frau beklagt sich. Mit entrücktem Blick harren sie dem Ende ihrer Tragzeit. Voller Stolz berichten sie, dass »es« schon strampelt. Ab und zu dürfen auch Außenstehende die Hand auf die Bauchdecke legen. »Ist es nicht ein Wunder?«, sagt die werdende Mutter zur Erläuterung ihres

Glücks. »Ein Wunder, dass da drin ein neues Leben wächst?«

Bisher glaubte man, Männer seien von diesem Wunder ausgeschlossen. Das stimmt nicht. Auch Männer können erfahren, wie das ist, wenn neues Leben im Körper heranwächst. Auch Männer können Bandwürmer bekommen. Anfangs nur ein kleiner Keim, wächst der Bandwurm rasch heran und ist dabei nicht so bescheiden wie ein Baby. Nach neun Monaten kann er schon eine beachtliche Länge von mehreren Metern haben. Als Zeichen seiner Anwesenheit presst der Wurm in diesem Alter pro Tag zehn bis zwölf Eierpakete aus dem analen Geburtsgang des Menschen. Dennoch sind Bandwürmer nicht besonders populär. Sogar die Versuche, ihre Köpfe als Abmagerungsmittel an den Mann zu bringen, waren zum Scheitern verurteilt. Ein Bandwurm ist und bleibt eben ein Parasit.

Und Parasiten haben allgemein einen üblen Ruf. Trotzdem sollten wir froh sein, dass es sie in dieser hohen Anzahl gibt. Verglichen mit Raubtieren wie Löwen, ernähren sich Parasiten auf geradezu raffinierte Art und Weise. Sie finden nichts dabei, dumpf hinter einer Beute herzujagen und dabei drohend die Klauen zu schwingen. Mord und Totschlag liegen ihnen fern. Statt das Huhn mitsamt den goldnen Eiern zu schlachten, zweigen sich Parasiten wie der Bandwurm ihre Nahrung einfach von der ihres Wirtes ab. Je besser es dem Wirt geht, desto wohler ergeht es ihnen. So schonen sie das Leben von Millionen Wirten. Ja, die friedliche Lebensweise gereicht ihnen sogar zum Vorteil. Überflüssiges wie Pfoten, Reißzähne und Spürnasen brauchen sie schon längst nicht mehr. Nicht mal von einem Verdauungsapparat kann beim Bandwurm die Rede sein. Was dem Eichhörnchen der Wald und der Gämse die Berge sind, sind dem Bandwurm unsere Eingeweide. Inmitten mundgerechter Happen von gegrilltem Hähnchen, Kartoffelkroketten oder Gurkengemüse – vorgemahlen von unseren Zähnen und vorverdaut von unserm Gedärm – schwimmt der Bandwurm in einem Schlaraffenland. Genüsslich stellt der Riesenmitesser in aller Ruhe sein Tagesmenü zusammen.

Eingebettet in ein gerade zu Fleisch verarbeitetes Tier, lässt sich der Bandwurm vom Menschen verzehren und Richtung Darm transportieren. Schweinebandwurm für Inder, Rinderbandwurm für Juden und Moslems, und für den Vegetarier gibt es den Hundebandwurm, übertragen beim innig-anhänglichen Zungenlecken. Im Körperinnern des Tierliebhabers wachsen die Larven der entsprechenden Bandwurmart dann zu einer Kugel heran. Vielleicht ist es nur Zufall, aber ansehnliche Exemplare werden in der Fachliteratur immer mit derselben Wendung beschrieben: »So groß wie ein Kinderkopf.«

Der Prozessionsspinner

Wir sahen die Raupen schon von weitem. Nicht, weil sie besonders groß oder grell gefärbt waren, sondern weil sie, eine Schlange bildend – Kopf an Schwanz, Kopf an

Schwanz –, hintereinander herkrochen. Wir zählten dreiundvierzig Exemplare: Es waren Prozessionsspinnerraupen.

Spektakulär in dem Sinne, wie dies ein Adler oder das Sonar eines Delfins ist, sind die Prozessionsspinnerraupen nicht. Trotzdem finde ich sie anrührender als ein dutzend virtuoser Nachtigallen oder eine Wiese voller Orchideen. Prozessionsspinnerraupen sind einfach herzergreifend.

Auf Knien beobachteten wir, wie sich die Tierchen mithilfe ihrer immensen Anzahl von Beinen vorwärts schoben. Wie eine lange, von einem kleinen Mädchen auf der Strickliesel gestrickte Wurst, aber lebendig, so sahen sie aus. Das ist die typische Fortbewegungsart der Prozessionsspinnerraupen. Und das zweimal pro Tag: bei Sonnenuntergang hin zum Fressacker und bei Sonnenaufgang zurück zum Ruheplatz. Gerade weil die Tiere so ganz und gar nicht menschlich aussehen, hat das Pendeln wiederum doch etwas sehr Menschliches. Allein die Tatsache, dass derart unförmige Geschöpfe der Natur aus freiem Willen so etwas Zwanghaftes machen wie Hin- und Herpendeln, schafft ein Band zwischen Tier und Mensch. Vorwärts marsch, in Reih und Glied, die Augen immer geradeaus! Auf Leben und Tod.

Die Raupen überquerten eine schmale Asphaltstraße. Sie waren gerade auf der Fahrbahnmitte angekommen, als wir in der französischen Hügellandschaft ein Auto herankommen hörten. Was sollten wir tun? Die Raupen rasch an den Straßenrand schaffen, war zu riskant; Tiere mit einem derart ausgeprägten Gruppeninstinkt und Ordnungsgefühl geraten leicht in Verwirrung. Also stellten wir uns vor den Raupen auf und forderten das Auto mit erhobener Hand zum Anhalten auf. Ein argwöhnischer Franzose am Steuer starrte uns an. Neben ihm noch ein Franzose, der mit seiner Baskenmütze in der Fernsehreklame jedem französischen Käse im Ausland zu einem ansehnlichen Marktanteil verholfen hätte. Mit Händen und Füßen versuchten wir, ihnen klar zu machen, dass sie doch auf die linke Straßenhälfte ausweichen sollten, um die Raupen nicht zu gefährden. In ihren Augen nacktes Unverständnis. Wir machten einen Schritt zur Seite und gewährten damit den Wageninsassen vollen Ausblick auf die vorwärts raupenden Tiere, wobei wir überflüssigerweise noch mit allen verfügbaren Fingern auf sie zeigten. Die Gesichter der Wageninsassen hellten sich auf, und zwei nicht mehr ganz vollständige, aber umso bereitwilliger entblößte Gebisse gaben zu erkennen, dass sie verstanden hatten: O ja, »oui, oui, les chenilles« – die Raupen. Dankbar für unseren Hinweis ließen sie den Motor wieder an. Beruhigt traten wir an den Straßenrand.

Mit quietschenden Reifen legte der Wagen einen Kavaliersstart hin und fuhr quer über die Insektenlinie. Saftiges Raupenfleisch spritzte uns an die Beine. Unter unseren Flüchen verschwanden die Franzosen hinter dem nächsten Hügel. Aber mehr noch fluchten wir auf uns selbst. Denn die beiden Franzosen konnten mit sich zufrieden sein, sie hatten nur schädliches Ungeziefer vernichtet, aber wir, wir hätten es besser wissen müssen. Wir hätten wissen müssen, dass Tierliebe, die sich sogar auf Schädlinge wie die Raupen erstreckt, eine Perversion darstellt und nichts ist als ein Spleen von Angelsachsen und Batavern, den weder Gallier noch Slawen noch Mauren oder Chinesen nachvollziehen können.

Die Raupen Nr. 1 bis einschließlich 4 waren unverletzt geblieben. Doch danach, wo der rechte Vorderreifen sein grausames Werk verrichtet hatte, folgte eine Zone des Todes und der Vernichtung. Den Nummern 11 bis 26 inklusive ging es den Umständen entsprechend gut, während von der Schwanzgruppe nur die letzten sechs überlebt hatten. Diejenigen, die verschont geblieben waren, suchten sich rasch einen Hinterleib, dem sie folgen konnten. Etwas ausgedünnt erreichten die Raupen den Straßenrand. Auf dem Asphalt blieben die Toten und Schwerverletzten zurück. Opfer eines internationalen Missverständnisses.

Am nächsten Morgen war nichts mehr von ihnen zu sehen, bis auf ein paar blasse Flecken auf dem Asphalt. Doch in nächster Nähe fanden wir neue Opfer. Ihre Köpfe zeigten diesmal in die andere Richtung. Zwei der Tiere bewegten sich noch, ein drittes nur, wenn man es anstupste. Zweifellos lagen die Überlebenden dieses zweiten Anschlags nicht weit vom Tatort im Gras und schliefen, zu Tode erschöpft von einer ereignisreichen und ermüdenden Nacht.

Die schwarze Fliege

Was will man eigentlich? Wofür tut man das alles? Dumme Frage, man weiß es ganz genau! Ein Mann will eine Frau, und eine Frau will einen Mann. Beinahe jeder Mensch will einen Partner haben oder einer sein. Seltsam, wo ein Mensch doch leicht allein durchs Leben kommt! Alles, was er dazu braucht, hat er doch am Leib. Was soll man mit jemanden, der gehen will, wenn man noch ein Weilchen bleiben möchte, und der bleiben will, wenn man selber gerne gehen möchte? Was nutzt einem eine Fernbedienung, wenn dauernd ein anderer wie ein Wilder drauf rumdrückt? Und was soll überhaupt der andere da jede Nacht in deinem Bett? Schnarchen kann man schließlich selber.

Dreh dich doch mal um! Wie bist du nur an diesen Menschen neben dir geraten? Geht's denn wirklich nicht ohne? Ist das der eine oder die eine unter Abertausenden? Wie konnte es nur so weit kommen? Die meisten Menschen wählen ihre Partner frei nach Schnauze. Selten geht dem ein IQ-Test voraus oder eine Handschriftenanalyse, eigentlich keine einzige Bewerbungsprozedur, abgesehen von einer oberflächlichen äußerlichen Besichtigung. Man wünscht sich einen intelligenten, verständnisvollen Lebenspartner, aber man verliebt sich in eine kesse Biene oder in einen geilen Typen. Aber vielleicht schließt das eine das andere ja gar nicht aus. Worauf fährt man als Mann eigentlich am meisten ab? Damit könnte ich ganze Bücher füllen. Männer vergucken sich vor allem in jene Körperteile der Frauen, für die Spezialgeschäfte massenhaft Farbe oder Spitze auf Lager haben. Lange Wimpern, volle Lippen, große Titten – eine Männerhand ist schnell gefüllt.

Was allerdings umgekehrt Frauen an Männern anziehend finden, war mir immer ein Rätsel. Bis das schließlich wissenschaftlich erforscht wurde. Das Ergebnis dieser Untersuchung war, dass Frauen sich am ehesten in den Hintern des Mannes vergucken. Und dieser Hintern soll möglichst stramm sein, keinesfalls so ein ausgedehnter Weiberschwabbel. Bedauern manche Männer später, dass sie sich statt der Frau nicht lieber ein Motorrad angeschafft haben, trauern Frauen um das verpasste Pferd. Ein knackiger Hintern, das allein zählt für eine Frau, knackig muss er sein, egal, ob von einem Mann oder einem Pferd.

Die Männer unter Ihnen wissen, wovon ich spreche. Auch ein Mann erfreut sich am Anblick eines hübschen Hinterns. Aber so befriedigend wie ein Busen ist ein Hintern auf die Dauer nicht. Ein Hintern wird rasch langweilig. Nach einer halben Stunde hat man sich daran satt gesehen. Das liegt am mangelnden Ausdrucksvermögen des Hinterns. Busen können mal fröhlich dreinschauen, dann wieder nachdenklich oder traurig; ein Hintern schaut – sofern er überhaupt schauen kann – immer gleich drein. Menschen wollen in allem immerzu ein Gesicht sehen. In Fenstern sehen wir Augen, in der Tür eine Nase, viele Autos haben eine Schnauze, manche Züge, vor allem in den Niederlanden, einen Hundekopf. Brüste bilden ein Gesicht mit zwei verschmitzten Äuglein, und der männliche Schambereich wird rasch zu einer Nase mit Schnurrbart. Aber so leicht es uns fällt, in einem Gesicht einen

Arsch mit Ohren zu sehen, so schwer finden wir in einem nackten Hintern ein Gesicht wieder. Es gibt keine Augen, keine Nase, nichts. Alles, was man sieht, ist Backe. Es sei denn, man ist bereit, jede dieser Backen als ein riesiges Auge zu betrachten. Wer sich schon mal einen Fliegenkopf aus nächster Nähe angesehen hat, weiß, was ich meine. Bei Fliegen nehmen die runden, vorstehenden Augen fast das ganze Gesicht ein. Vor allem bei der schwarzen Fliege *(Bibio)* mit den kurzen Fühlern sehen diese beiden Augen zusammen genommen aus wie ein großer, runder, schwarzer Po, göttlich glänzend und aufreizend stramm, ein Lustobjekt für jeden Entomologen. Und an diesen Po-Augen lässt sich bei den schwarzen Fliegen sogar das Geschlecht erkennen. Bei den Männchen berühren sich die Augen in der Mitte des Kopfes. Bei den Weibchen ist ein Spalt dazwischen, was einen sofort an die dämliche Bademode denken lässt, die nur die Pofalte bedeckt und die Hinterbacken frei lässt, genau andersherum als bei einem großen BH. Und wie immer zeigt sich auch hier die Güte Gottes im Detail: Nur bei den Männchen ist die Spalte behaart.

Die Spinne

Von den vier Jahreszeiten, die wir kennen, ist der Herbst am unbeliebtesten. Trotzdem ist das Spätjahr der König unter den Jahreszeiten. Zu keiner anderen Zeit des Jahres werden so viele Ziele erreicht, so viele Erwartungen erfüllt. Endlich sind die Bäume und Sträucher mit Nüssen und Beeren beladen. Endlich hat das mühsame und zeitraubende Knospenbilden, das Ausschlagen, Bestäuben und Befruchten ein Ende. Erleichtert überlässt der Baum sein überflüssig gewordenes Laub dem Wind.

Tiere, die gern Pflanzensamen mögen, wähnen sich im Schlaraffenland. Von nah und fern fallen Finken in unsere Nadelwälder ein und picken die Zapfen leer. Andere Vögel sind der Ansicht, sie hätten nach der Aufzucht der Brut Ferien verdient, und machen sich auf in Richtung Süden. Hirsche haben endlich Zeit, den Weibchen den Hof zu machen. Sorglos gehen die Weibchen auf die Werbung ein, die Geburtswehen sind schließlich erst in der übernächsten Jahreszeit zu erwarten. Sogar am Boden geht es im Herbst fröhlich zu. Was in unseren Menschenaugen eine Schicht des Verfalls und der Verwesung darstellt, ist in Wirklichkeit ein Festmahl für Millionen Schimmelpilze und Bakterien, die sich über abgefallenes Laub und anderes organisches Material hermachen. Im Herbst erntet die Natur sich selbst.

Zu den zufriedenen Gästen dieses Erntefestes gehören mit Sicherheit auch die Spinnen. Überall sieht man, vom Herbstlicht bestrahlt, ihre wundervollen, taubehangenen Netze glitzern. Mit wohlgefüllten Bäuchen warten deren Besitzer in aller Seelenruhe ab, welche Leckerei ihnen diesmal ins Netz fliegen möge. Geschmäcklerisch sind sie und nützlich obendrein. Lehrer und Umweltexperten werden nicht müde, darauf hinzuweisen, wie nützlich Spinnen mit ihrem zügellosen Appetit auf schädliche Insekten sind. Spinnen stehen auf unserer Seite.

Auch wenn kein Mensch die zahlreichen Verdienste der Spinne um die Menschheit ernsthaft schmälern will, ist kaum einer wirklich erfreut, wenn dieser Mitarbeiter irgendwo auftaucht. Worin aber liegt der Grund für diese Abneigung? Warum haben wir beim Anblick einer Spinne nicht nur das unangenehme Gefühl, sie werde uns gleich die Hosenbeine hochklettern, sondern sind auch überzeugt davon, dass sie dort die schlimmsten Absichten in die Tat umsetzen werde. Ich glaube, es hat viel mit unserer Vorstellung von Gut und Böse zu tun. Man hat bei Untersuchungen herausgefunden, dass unsere Abscheu vor Tieren in dem Maße wächst, wie sie sich von uns unterscheiden. Oder anders gesagt: Unser Widerwille verhält sich proportional zu ihrer Menschenunähnlichkeit. Spinnen kommen dabei nicht gut weg. Sie haben zu viele Beine. Zwei Beine wie wir, das mögen wir. Deshalb schließen wir auch ausnahmslos alle Vögel ins Herz.

Vierbeiner wie Hunde lassen wir beidbeinig Pfötchen geben, um den Eindruck der Zweibeinigkeit zu erwecken. Aber auch ohne dieses Kunststück haben sie mit ihren vier Beinen den Tieren mit sechs, den Insekten, einiges voraus. Kaum ein Insekt, das wir wirklich niedlich finden, es sei denn, es versteckt wie der Marienkäfer seine anstößigen Gliedmaßen unter einem fröhlich gefärbten Panzer. Vor allem Schnaken müssen die schamlose Zurschaustellung ihrer Beine mit dem Tod bezahlen, doch lange nicht so oft wie Spinnen mit ihren acht Beinen. Es gibt eine Spinnenart, die sich bewusst zu sein scheint, dass die acht Beine vielleicht doch ein bisschen viel sind. Sie hält das vorderste Paar Beine steif wie Fühler nach vorn gestreckt und tut so, als hätte sie nur drei Beinpaare. So führt sie sogar Ameisen in die Irre, die glauben, es mit einer anderen Ameise zu tun zu haben, was folglich auch das Letzte ist, was sie jemals in ihrem Leben geglaubt haben.

Vielleicht täten Spinnen, die die Absicht haben, in Menschenhäusern zu überwintern, gut daran, es ihren listigen Verwandten nachzutun. Auch wenn der Unterschied lediglich in einem Paar Beinen besteht – die Geste macht's. Denn schließlich tun wir ja selber auch so, als hätten wir zwei Beine weniger als die eigentlichen vier, für die wir uns so schämen.

Die Käsemade

Wie macht man sogar aus Gras noch eine Leckerei? Mithilfe einer Kuh. Die Kuh frisst das Gras, wir fressen die Kuh. Will man die Kuh nicht gleich schlachten, melkt man sie. Hat man Angst, dass die Milch verdirbt, macht man Käse daraus.

Käse ist nichts anderes als eine etwas altmodische Art und Weise, Milch aufzubewahren. Als Käse braucht die Milch zehnmal weniger Platz und bleibt hundertmal länger frisch. Weil Bakterien dabei aber den Milchzucker in Säure verwandelt haben, mögen die meisten Organismen den Käse nicht. Außer uns Menschen und der Käsemade.

Käsemaden sind die Larven der Käsefliege. Sie sehen aus wie weiße, kleine Würmer, laufen aber da, wo bei einem anständigen Tier der Kopf sitzt, kegelförmig zu. Sie sind genauso unappetitlich wie die Fliegenmaden, die ich als kleiner Junge für meinen Vater auf den Angelhaken stecken musste. »Sonst wird aus dir nie ein Mann«, sagte Pa. Er hat Recht behalten.

Käsemaden lieben alles, was älter ist als vierzig. Schneidet man einen befallenen Käse auf, kriechen sie aus ihren Löchern. Manchmal machen sie auf dem Küchentisch zehn bis fünfzehn Zentimeter hohe Sätze. Vor den Zeiten des Kühlschrankes war das ein alltäglicher Anblick. Heute dürfte man Käsemaden wohl nur noch bei leidenschaftlichen Feinschmeckern begegnen, die behaupten, solche Würmchen kämen wie der Schimmel beim Schimmelkäse dem Geschmack des Käses nur zugute. Auch in dieser Hinsicht haben Gourmets viel vom Schimpansen, der als echter Allesfresser einem Wurm im Apfel keinesfalls abgeneigt ist. Aber die genäschigen Nascher täuschen sich. Eine Made richtet in ihren Eingeweiden unter Umständen großen Schaden an, bevor sie auf der Toilette, zigfach vermehrt, wieder zum Vorschein kommt und den hinter sich blickenden Feinschmecker glauben macht, seine Hinterlassenschaft in der Schüssel habe plötzlich ein Eigenleben entwickelt.

Aber nicht alle Löcher im Käse gehen auf das Konto von Maden. Die meisten sind das Werk von Bakterien, die bei der Verdauung ungeniert Kohlensäure rülpsen. Beim Maasdamer Käse stoßen sie zudem Propionsäure auf, die dem Käse seinen faden Nussgeschmack verleiht.

Reifen heißt verrotten. Während der Reifung eines Käses spalten sich Fette in Fettsäuren auf, Eiweiße in Aminosäuren und manchmal sogar in Ammoniak. Im Grunde spielen sich in der feuchten Abgeschlossenheit eines Käsebottichs dieselben bakteriellen Prozesse ab wie zwischen den lauwarmen Feuchtfalten unserer Haut. Daher die häufige Assoziation von Käse mit Füßen. Der Geruch beider kann derart abstoßend sein, dass er uns vor Verdorbenem und somit vor dem Verderben bewahrt, aber wirkliche Käseliebhaber behaupten, man müsse dagegen ankämpfen, sich sogar davon angezogen fühlen. Sie können die Worte des Dichters Leon-Paul Fargue nur unterstreichen, der seinen geliebten Camembert als »les pieds de Dieu« bezeichnete: als Gottes Füße. Grund genug, sich zum Atheismus zu bekehren.

Bleibt noch die Frage, was die Käsemaden fraßen, bevor der Mensch den Käse erfand? Die Antwort ist bekannt: uns. Bevor die Käsemaden unseren Käse fraßen, fraßen sie uns, das heißt nach unserem Tod, aber auch unsere Tiere, alles am liebsten im fortgeschrittenen Stadium der Verwesung. Käsemaden sind von Haus aus Leichenfresser. Als Liebhaber von gründlich verdorbenem Fett ist der Käse für sie ein Traum: ohne widerliche Haare und harte Knochen. Dafür mit viel Geschmack, der sie an ein verlorenes Paradies erinnert. Der Geschmack früherer Zeiten.

Der Hirschkäfer

Ich bin Biologe. »Bio« bedeutet Leben; Biologen erforschen das Leben. Mit großem Vergnügen übrigens. Ob das Leben beim Erforschtwerden allerdings ebenso viel Vergnügen empfindet ist fraglich. Jedenfalls macht es sich in der Regel rasch davon. Biologen haben dafür eine uralte Lösung. Weil das Leben bei seiner Erforschung nicht mitarbeiten will, wird es einfach abgemurkst. Museen voller Tierpräparate, ausgestopft oder in Spiritus gelegt, zeugen vom Eifer, mit dem sich ganze Biologengenerationen dieser Aufgabe gewidmet haben. So mancher Biologe konnte mit dem Gewehr besser umgehen als mit dem Feldstecher. Und noch immer wimmelt es in der Welt von Erforschern des Lebens, die mit Netzen in der Luft herumfuchteln, Fallen stellen und Gift ausstreuen, nur um die Katakomben der Wissenschaft mit Nachschub zu versehen. Biologie ist überraschenderweise eng mit der Nekrologie verwandt.

Mir persönlich liegt die Großwildjagd nicht besonders. Ich fand Ersatz: Käfer zu sammeln, schien mir unverfänglicher. Trotz meiner Bewunderung aber blieben mir die Tierchen so fremd, als wären es Wesen von einem andern Stern: kleine Automaten, alles andere als ernst zu nehmende Schöpfungen, nur Spielzeuge Gottes. Wie sehr ich Unrecht haben sollte.

Die Exkursion führte uns nach Österreich. Ein Dutzend Lebenskenner, grasten wir mit Netzen die Alpenwiesen ab auf der Suche nach Opfertieren für die Wissenschaft. Jedes gefangene Insekt wurde nach allen Regeln der Kunst getötet: kleine Insekten in einem Glas Essigäther, große in einem luftdichten Glas mit Zyankali. Es war erschreckend zu beobachten, wie ein Schmetterling beim ersten Gifthauch gleich mausetot abstürzte. Gutes Zeug, dieses Gift.

Der letzte Tag war eine richtige Erfolgsgeschichte. Das Glanzstück war ein Hirschkäfer. Mit einer Länge von 7,5 cm – lang wie ein Zeigefinger, aber dick wie ein Daumen – ist er der größte Käfer in Europa. Wir waren glücklich, denn man bekommt Hirschkäfer nur noch selten zu Gesicht. Doch jeder Erfolgstag hat einen Erfolgsabend. Die ganze Beute musste aufgepinnt, die Beine und Fühler mussten geordnet und in Form gebracht werden. Die Resultate sammelten wir in großen Schachteln, die wir ordentlich aufreihten wie Soldatengräber.

Es war Mitternacht, als wir endlich ins Bett kamen. Aber von Schlafen konnte keine Rede sein, denn wir vernahmen ein merkwürdiges, leises Geräusch, als nage eine Maus an einer unserer Insektenschachteln. Doch schien das Geräusch von fern zu kommen, wie aus einer anderen Welt. Uns gruselte ein wenig. Der Gedanke aber, dass unsere kostbare Sammlung in Gefahr sein könnte, trieb uns aus den Betten. Das Geräusch kam eindeutig aus einer der Schachteln. Also doch eine Maus? Wir öffneten rasch die betreffende Schachtel, wo sich uns ein Bild des Grauens bot. Sämtliche Insekten darin hingen mit zerschlagenen Beinen wie gekreuzigt an ihren Nadeln. Beine fehlten, Deckflügel, Fühler. Und inmitten dieser Chitin-Verderbnis tapste wie besoffen, fremdartig und riesig: der Hirschkäfer. Die Nadel steckte noch in seinem Körper und bereitete ihm offenbar große Schmerzen. Er hatte schwere

Schlagseite und überschlug sich mehrere Male. Das Tier musste rasend sein vor Schmerz und Angst. Umso beklemmender war, dass sein Gang so ruhig schien. Statt heftig mit den Beinen zu zappeln, wie es ein Mensch tun würde, bewegte er sich vorwärts mit der Gelassenheit eines Panzers, um den herum die Revolution tobt.

Wir hatten den Riesenkäfer nicht richtig getötet. Sein mächtiger Körper hatte das Zyankali einfach verdaut. Als der Käfer in der Sammelschachtel aus seiner Betäubung erwachte, musste er so lange gestrampelt haben, bis er an der Nadel runtergerutscht war und wieder festen Boden unter den Füßen hatte. Jetzt konnte er die Nadelspitze freirütteln, und seine letzte verzweifelte Reise begann.

Nie hat mich etwas beklommener gemacht. Auf Grund seiner für ein Insekt außergewöhnlichen Größe hatte der Hirschkäfer beinahe die Grenze von der unbiologischen Insektenwelt zu unserer Welt der Warmblüter überschritten. Versteinert vor Schreck, wagten wir es erst nach einer Weile, den Zauber zu brechen. Das unglückliche Tier verschwand zum zweiten Mal an diesem Tag im Zyankaliglas. Keiner von uns wollte zusehen. Aber wir hörten noch minutenlang das leise Ticken seiner Beine und das Nachschleifen der Nadel auf dem Glasboden. Wie ein Mann mit einem lahmen Bein irgendwo in der Ferne, tief in der Nacht.

Der Bücherwurm

Trinker haben eines gemeinsam: »Den Willen, ein Ding, das gefüllt vor ihnen steht, zu leeren.« Zu dieser Schlussfolgerung kam der Schriftsteller Henk Hofland, nachdem er sich diesem Problem ausführlich gewidmet hatte. »Kein Mensch ist so maßvoll«, sagt er, »dass er ein volles Glas nicht mit lieblichem Verlangen betrachten würde; für nichts anderes hat er einen solchen Blick.«

Das stimmt und gibt gleichzeitig Rätsel auf. Worauf fiel denn dieser Blick, bevor es den Schnaps gab? Besaß ihn die Menschheit davor überhaupt? Ähnlich unbeantwortbar ist die Frage, was man früher vor dem Fernseher zu knabbern pflegte, als es noch keine Chips gab? Wie kam man früher nur ohne all die Dinge aus, auf die wir heute nicht mehr verzichten können? Was fraß die Motte, bevor es alte Mäntel gab?

Zumindest auf die letzte Frage weiß ich eine Antwort. Bevor es Kleider gab, fraß die Kleidermotte das Zeug, woraus wir heute Kleider machen: Wolle, Tierhaar, Haut und Federn. Das Zeug heißt Horn oder Keratin und ist Hauptbestandteil unserer Nägel. Deshalb verwöhnt man eine Motte auch mit nichts mehr als mit abgeschnittenen Nagelrändern, am liebsten leicht verschmutzt, denn auch eine Motte lebt nicht vom Horn allein. Aus diesem Grund mag sie auch frisch gereinigte Mäntel und Pullover nicht so gerne. Am liebsten sind ihr welche mit Schweiß- oder Urinflecken oder wenigstens einem bisschen Suppe drauf. Löcher in der Kleidung sind niemals nur die Schuld der

Motte. Finden sich in einem Schrank nur saubere Sachen, weicht die Motte auf einen ausgestopften Vogel aus, auf ein Stück Käse, auf eine tote Fliege oder auf das Dämmmaterial der Hämmerchen eines Klaviers. Zwischendurch vergreift sie sich mal gerne an einer alten Zeitschrift oder einem Telefonbuch; als Delikatesse aber gilt noch immer ein Happen von der Familienbibel. Je älter, desto feiner.

So denken auch die Bücherwürmer. Ausgestattet mit einem hübsch lateinischen Namen, machen sich Insekten wie *Trogium pulsatorium, Dermestes lardarius* und *Attagenus unicolor* mit Mandibeln, Maxillen, Palpen, und wie die Mundwerkzeuge sonst noch heißen mögen, über kostbare Folianten und seltene Dünndruckausgaben her. Was uns ein Lesesaal ist, ist diesen Tierchen ein Restaurant. Das eine bohrt sich gefräßig durch das Papier, während das andere sich an den Leim hält, sodass der Inhalt zwar heil bleibt, das Buch aber auseinander fällt; ein drittes wiederum, der Pelzkäfer, tut beides: Ist seine Kacke weiß, hat er Papier gefressen, ist sie braun, dann war es Leim oder Leder. Aber Matratzen oder spanischen Pfeffer mag er genauso gerne. *Thermobia domestica*, auch Ofenfischchen genannt, raubt dem Papier nur den Glanz, der Bunte Klopfkäfer, *Xestobium rufovillosum*, dagegen frisst sich nicht allein durch das Buch, sondern danach noch in aller Seelenruhe durch das Bücherbord darunter.

Bibliothekare mögen keine Tiere, die ohne Leseausweis Bücher verschlingen. Und trotzdem trifft die kleinen Bücherfreunde keine Schuld. Auch wenn sie unsere Schriften fressen, waren doch wir es, die aus ihrer Nahrung Schriften gemacht haben. Sie selber tun nur, was ihre Kollegen und Kolleginnen schon seit Jahrmillionen tun: Abfall wegschaffen. Bücher sind totes Pflanzen- und Tiermaterial, das so rasch wie möglich aus dem Weg geräumt werden muss, um Platz für neue Pflanzen und Tiere zu machen. Ohne diese kleinen verfressenen Helfer wäre die Erde schon längst im Müll erstickt, und das wissen wir auch. Wir verwünschen dies verwöhnte Gewürm nur, weil es keine Plastiktüten mag, die sich nicht von selbst zersetzen wollen, und sich stattdessen über die Bücher hermacht, die nun einmal nicht entsorgt werden sollen.

Dabei ist uns das Papier im Grunde ziemlich egal, es geht uns um die Buchstaben. Aber wer dem Papier Schaden zufügt, beschädigt auch den Inhalt. Der Zerfall von Büchern erbost uns deshalb, weil die kleinen Tierchen sich an der Essenz unseres Lebens vergreifen. Wir wissen: Mit dem Körper verwest auch der Geist. Die Religionen wirken dem mit Glauben entgegen, in der Biologie gibt es eine elegantere Lösung dafür: die Fortpflanzung. Jeder Körper altert und wird am Ende, wie jedes Buch auch, von Würmern zernagt; dabei lässt sich der Geist von beiden gleich leicht fortpflanzen: durch Neudrucke, durch Nachkommenschaft, durch die Reproduktion auf Mikrofiche oder noch einfacher – im Gedächtnis.

Die Honigbiene

Auch Bienen tun es, und der Mann, der sie als Erster dabei beobachtete, bekam einen Nobelpreis dafür. Als Karl von Frisch vor mehr als einem halben Jahrhundert seine Entdeckung verkündete, schlug die Nachricht wie eine Bombe ein. Bienen können sprechen! »Die Sprache der Honigbiene«, so lehrte von Frisch, »ist eine Tanzsprache. Ganz wunderbar.« Biologiebücher in allen Sprachen jubelten es ihm nach. »La dance des abeilles, c'est merveilleux!«

Noch immer werden harmlose Naturliebhaber in jeder zweiten Tiersendung mit Einzelheiten über die umständliche Art der Bienenkommunikation erschlagen. Wenn man überhaupt ein Tier aus Radio oder Fernsehen bis zum Überdruss kennt, dann ist es die Honigbiene. Leute, die noch nicht mal eine Wespe von einer Hummel unterscheiden können, kennen den Unterschied zwischen dem Rund- und Schwänzeltanz der Honigbienen; ersterer dient dazu, den Mitbienen mitzuteilen, dass sich eine Nektarquelle in unmittelbarer Nähe des Stocks befindet, während letzterer auf Futter in größerer Entfernung verweist. Durch genaues Beobachten haben wir die Bienensprache verstehen gelernt. Schwänzelt die Biene zum Beispiel achtmal in fünfzehn Sekunden, dann ist der Nektar siebenhundertfünfzig Meter entfernt, schwänzelt sie dreimal, dann beträgt die Distanz zur Futterquelle fünfzehnhundert Meter. Die Biologen können zufrieden sein: Kaum haben sie ein sprechendes Tier entdeckt, machen sie einen fliegenden Taschenrechner daraus; keine Intelligenz also, sondern reine Mechanik, auch wenn diese immer noch ganz wunderbar, *merveilleux, miraculous* und *meraviglioso* ist. Von Frisch wurde mit dem Nobelpreis geehrt, als wäre er selber der große Uhrmacher, der dieses Musterbeispiel an Feinmechanik extra zu unserem Vergnügen zusammengesetzt hat.

Nichts trifft weniger zu. Jeden Tag müssen sich auf der ganzen Welt Milliarden Honigbienen abrackern, nur um allem, was in »Grzimeks Tierleben«, im »Großen Tierlexikon« oder in der »Encyclopaedia Britannica« über sie behauptet wird, zu entsprechen. Futterquelle in einer Entfernung von siebenhundertundfünfzig Meter? Moment, ach ja, das bedeutet achtmal schwänzeln in fünfzehn Sekunden. Fünfzehnhundert Meter? Mhm, stimmt: dreimal.

Nur Tom spielte nicht mit. Tom war schon immer ein Außenseiter gewesen. Von Anfang an tanzte er ein wenig merkwürdig. Dabei hatte er ein gutes Rhythmusgefühl. Zunächst begnügte er sich mit ein paar Verzierungen, einem zusätzlichen Tanzschritt, einem Hüftschwung, doch die Beschafferbienen beklagten sich immer öfter. Der Nektar fand sich fünfzig oder hundertfünfzig Meter weiter entfernt, als Tom angegeben hatte, wenn überhaupt. Es endete damit, dass Tom dem Schlendrian verfiel. Er tanzte wie besessen im Kreis, stampfend und summend, schwänzelnd, wie es ihm gerade passte, während er im Rhythmus mit seinen Gelenken knirschte. Keine Biene konnte seinem Unsinn noch folgen. Nur ein paar Jungbienen waren beeindruckt, summten leise mit und rieben vor Vergnügen die Tibiae an den Femuren. »Kinder, das Leben besteht aus mehr als nur Nektarsammeln«, predigte Tom seinem jugendlichen Publikum in den Tanzpausen. »Es gibt auch Schönes und Feines. Schön und fein ist gut für eine Biene. Schön ist gut, und fein liegt so nahe. Aber genug geredet, Freunde! Tanzen wir!«

Erstaunt beobachteten zwei Verhaltensforscher den wilden Bienentanz auf der Wabe vor ihnen. Nach von Frisch entschlüsseltem Code müsste sich ein großer Nektarvorrat rund hundert Meter westlich, zwei Kilometer östlich und gleichzeitig zehn Meter tief im Boden befinden. Sie wurden nicht klug daraus. »Vielleicht hat die Biene ja was Falsches gegessen«, vermutete der eine. »Apropos essen, ich habe Hunger. Komm, wir machen morgen weiter.«

In der Nacht schafften die Ordnungsbienen die Leiche einer Mitbiene aus dem Stock. Sie war noch warm vom wilden Tanz, kein Tropfen Nektar befand sich in ihrem Brennstofftank. Wenig später erschien eine Dissertation, in der ein Biologe unter der Kapitelüberschrift »Statistische Abweichungen« diese Biene zur Vergessenheit verdammte. Kunst eben.

Menschen und Tiere

Die Gottesanbeterin

Beten Biber? Betet eine Maus um ihr tägliches Brot? Falten Ferkel fromm die Hüfchen? Nein, natürlich nicht. Tiere sind klüger. Wenn eine Gottesanbeterin betet, dann lauert sie ihrer Beute auf.

Menschen, ja, die beten. Irgendetwas wird es schon nützen, dachte ich wenigstens als katholischer Junge. Denn wer betet am meisten? Pfarrer natürlich. Und wem mangelt es nie an einer Zigarre oder einem Glas Cognac? Na bitte! Eine Zeit lang habe ich ernsthaft erwogen, Pfarrer zu werden. Aber es haperte mit dem Beten. Es blieb immer öfter unerhört. Auf das rote Fahrrad mit den Vorderbremsen warte ich heute noch. Mein Glaube schwankte und fiel.

Beten nützt gar nichts. Der Beweis dafür ist einfach zu liefern. Mit einem Würfel nämlich. Man kann noch so inbrünstig beten, die Wahrscheinlichkeit, eine Sechs zu würfeln, bleibt eins zu sechs. Vielleicht hat Gott für Würfelspiele nichts übrig. Aber nein, beim Kartenspielen ist es genauso. Die Weltgeschichte ist der beste Beweis dafür, dass Gebete am Verlauf einer Sache nichts ändern. Haben nicht sämtliche Armeen der Welt um den Sieg gebetet? Haben nicht alle Militärgeistlichen ihre eigenen Armeen gesegnet? Und endeten nicht sogar die Kreuzzüge in einem Fiasko?

Das alles hält die Menschen aber keineswegs vom Beten ab, sie tun es täglich, ob sie nun gläubig sind oder nicht.

Und das auch noch für andere Leute. »Guten Tag«, beten wir von früh bis spät, wünschen es jedem, der es hören will. »Wohl bekomm's! – Angenehme Reise! – Viel Vergnügen!« und das entsetzliche: »Schönen Tag noch!«, begleiten einen ein ganzes Leben lang. Und das ist auch gut so, denn schließlich kann man sich nicht selber begrüßen. Niemand wünscht sich beim Aufstehen selber einen guten Morgen. Man hätte auch nicht viel davon. Die magische Wirkung eines Grußes auf den weiteren Verlauf des Tages beruht ausschließlich auf dem angenehmen Gedanken, dass sich ein anderer dafür zu interessieren scheint, wie dieser Tag für einen beschaffen sein könnte.

Grußworte knüpfen ein Band unter den Menschen. Und nicht nur unter ihnen. In der Kirche begrüßen die Menschen ihren Gott. »Grüß Gott, wie geht es Dir?«, wollen sie wissen. Und Deinem Sohn? Und Maria? Sie erkundigen sich einerseits aus Ehrfurcht, andererseits aber auch, um den täglichen Kontakt zu pflegen. Wie soll man an jemanden glauben können, den man nicht begrüßen kann? Nicht umsonst ist das häufigste aller Gebete das »Gegrüßetseistdumaria«. Also nützt beten doch was. Statistiken beweisen, dass Leute, die gewohnheitsmäßig beten, nicht nur länger leben als ihre ungläubigen Nächsten, sondern auch länger gesund bleiben als diese. So verwunderlich ist das gar nicht. Wer nämlich glaubt, dass die Party erst mit dem Eintritt ins Jenseits wirklich beginnt, ist zweifellos besserer Laune als einer, der glaubt, der Zug sei dann schon längst abgefahren.

Trotzdem ist es ganz gut, dass die meisten Gebete nicht erhört werden. Denn ein Mensch wünscht seinem Nächsten leider nicht nur gute Tage und angenehme Reisen, sondern bisweilen auch schlechte bis sehr schlechte. Viele Gebete sind nichts anderes als Verwünschungen. Die Leute wünschen einander die Pest an den Hals. So was erleichtert ungemein. Allerdings würde man ganz schön blöd aus der Wäsche gucken, bekäme der andere diese Krankheit wirklich. Da verschlüge es sogar dem hier in den Niederlanden ansässigen »Verein zur Eindämmung des Fluchens in der Öffentlichkeit« die Sprache. Denn wer glaubt, dieser Verein sei gegründet worden, um die allgemeinen Gesundheitskosten zu senken, der irrt. Kaum jemand ist weniger von der Wirksamkeit des Fluchens überzeugt als die Mitglieder ebendieses Vereins.

Trotzdem bleibe ich dabei: Fluchen nützt etwas. Kein Mensch kann ohne. Ich jedenfalls kann mir nicht vorstellen, wie man, ohne zu fluchen, ein Lundia-Regal oder einen Ikea-Schrank aufbauen soll. Flüche halten ein Möbelstück besser zusammen als Schrauben oder Leim. Und am Ende kann man ja immer noch beten, dass das Ding hält.

Der Aasgeier

Reality-TV. Gierig zoomt die Kamera auf das Opfer. Nackt. Die Stimme des Sprechers senkt sich. Anschwellende Geigenklänge. Das Mädchen im Bild kann kaum älter als zwei, drei Jahre sein. Blut fließt, und der Hals des Mädchens ist unnatürlich verrenkt. Aber es lebt. Dann ein Tritt. Das Fleisch platzt auf. Ein zweiter Tritt. Voller Verzweiflung suchen die Augen nach Hilfe. Vergeblich. Die Kamera surrt weiter. Der Ton ist gut. Man kann das Keuchen deutlich hören, obwohl das Orchester jetzt das Letzte gibt. Mit einem Schauder entweicht der letzte Rest Leben aus dem kleinen Körper. Die Augen brechen. In Nahaufnahme. Und scharf gestellt. »Cut«, ruft der Regisseur. Jetzt trauen sie sich heraus, die Aasgeier. Bis zum Hals stecken sie die Köpfe in den dampfenden Kadaver. Die Musiker können sich einen Augenblick lang ausruhen. Einer greift zur Panflöte. Wer es vorher noch nicht wusste, der weiß es jetzt: Es handelt sich hier um einen Tierfilm.

Die Natur ist voller Gewalt. Am helllichten Tag, die Kinder sind noch nicht im Bett, werden im Fernsehen zahllose dieser Gewaltfilme unzensiert ausgestrahlt. Während die Eltern sich Sorgen über aggressionsfördernde Computerspiele machen, ergötzen sich die Kinder am Anblick von Krokodilen, die Gnus unter Wasser zerren, Orkas, die mit Seehundbabys jonglieren, und Hyänen, die mit dem Fressen nicht warten können, bis die Giraffe tot ist. So was ist lehrreich. Vielleicht wird ja eine Projektarbeit in der Schule daraus.

Sind Kinder erbarmungslos? Bis zum Abwinken! Allerdings finden sie es schlimmer, wenn ein Pferd erschossen wird, als wenn ein Löwe einer Gazelle die Kehle durchbeißt. Fernsehsender sind wie Kinder. Kaum einer zeigt gern Bilder vom Betrieb in Schlachthäusern, vom Hobbyraum eines Fuchsjägers oder von einem Labor, in dem diese unangenehmen Sachen mit den lieben Äffchen angestellt werden. So was könnten ja zufällig kleine Kinder zu Gesicht bekommen!

Man würde erwarten, dass Tierfilme in einer Videothek in der Abteilung »Kriegs- und Actionfilme« eingeordnet stünden, tatsächlich aber wird man erst bei den Donald Ducks und den Mickymäusen fündig. Weit weg jedenfalls vom Sex. Obwohl sie dort eigentlich am ehesten hingehörten. Wer Sex in allen Varianten sehen will – von vorn oder von hinten, allein oder zu vielen, hoch in den Bäumen oder ganz banal auf dem Küchentisch, mit dem Opa oder dem Enkel –, der muss sich an David Attenborough halten. Enten, die sich an einer Massenvergewaltigung beteiligen, Spinnen, denen die Kopulation den Kopf kostet, Affenkinder, die ihren Vater befriedigen – von wegen »Da flog ein Bienchen hin zur Blüte«! Trotzdem findet man Tierfilme ebenso wenig im Sexshop wie die Zeitschrift »Das Tier« zwischen »Playboy« und »Penthouse«.

Finden Menschen kopulierende Tiere nicht erregend? Liegt in keiner einzigen Nachttischschublade eine Tierzeitschrift mit verklebten Seiten? Muss immer erst ein Mensch mitmischen, bevor man Sex mit Tieren wirklich widerlich findet? Das kommt darauf an. Mir reicht der Anblick zweier Hunde, die es miteinander treiben, um zu verstehen, wie die katholische Kirche auf die Idee mit dem Zölibat kam. Aber zwei Sperlinge, die einander liebevoll mit ihren kleinen Hintern küssen, das macht mir nun wieder Lust. Ein Löwe und eine Löwin auf dem Bildschirm, und ich übe nachts im Bett am Kopfkissen den Nackenbiss, gewalttätig und zärtlich zugleich.

Es ist eine unerschütterliche Tatsache: Tiere müssen immer wieder neue Tiere machen, um den unstillbaren Magen des natürlichen Gleichgewichts zu füttern. Und für die Naturfilme natürlich. Filme voller Tiersex und Tiergewalt. Oder ist Ihnen noch nicht aufgefallen, dass Tierfilme immer nur in Serie produziert werden? In der Natur heißt es stets: Fortsetzung folgt.

Der Butterfly

Am Anfang schuf der Mensch die Dampflok. Jetzt brauchte er nicht mehr zu Fuß zu gehen. Am zweiten Tag schuf er den Hebekran, am dritten den elektrischen Stuhl. Die Konservendose wurde am fünften Tag erschaffen, ein Tag nach dem Dosenöffner, ohne den einem die schönste Konservendose nichts nutzt. »Es werde Handstaubsauger!«, sprach der Mensch am sechsten Tag und siehe da, es wurde ein Handstaubsauger. Jetzt war des Menschen Werk ihm durch Maschinen aus den Händen genommen, und der Mensch sah, dass es gut war. Dann kam der siebte Tag, und der Mensch erschuf den Sport.

Nie hat der Mensch schwerer im Schweiße seines Angesichts geackert als seit der Erschaffung des Sports. *Sisyphos goes physical.* Die Arbeit, die ihm heute die Maschinen abnehmen, wird durch Trainieren, Joggen und andere Leistungen in Stadions und Sporthallen der Zwecklosigkeit anheim gegeben. Wie um aller Widersinnigkeit noch eins draufzusetzen, benutzt der Mensch die Maschinen auch noch, um seinen Körper damit zu malträtieren. In den Fitnesscentern stehen Maschinen, dank derer man mithilfe der

Muskelkraft Gewichte hebt, Räder dreht und Federn dehnt wie in den Zeiten vor der Erschaffung der Dampflok; mit dem einen Unterschied: Diese Arbeit ist vollkommen sinnlos. Mit der Energie, die in den Fitnesscentern unseres Landes freigesetzt wird, könnte man leicht das Industriegebiet einer mittelgroßen Kreisstadt mit Strom versorgen. Umgekehrt könnte man problemlos ein Sägewerk zu einem Fitnesscenter umfunktionieren, man bräuchte nur den Stecker aus der Steckdose zu ziehen. Aber an so etwas ist der Bodybuilder nicht interessiert. Er will ja nicht ein Haus oder eine Karriere aufbauen, sondern seinen Körper. Früher nannte man so etwas Heilgymnastik.

Der Gymnastik liegt der Gedanke zu Grunde, dass Organe größer und kräftiger werden, je öfter man sie benützt. Das ist bemerkenswert. Denn ein Messer wird immer stumpfer, je öfter man es zur Hand nimmt, und je mehr Kilometer ein Auto gefahren ist, desto weniger ist es wert. Fast alles wird kleiner und schwächer durch häufigen Gebrauch. Unsere Muskeln bilden darin eine Ausnahme. Die werden tatsächlich größer und kräftiger davon. Aber unser Körper besteht nicht nur aus Muskeln. Wir haben auch Nieren und Augen, einen Hodensack oder Eierstock und eine Blase, und die werden mitnichten größer und kräftiger vom Streckstock oder vom Butterfly.

Ich brauche keine größeren, kräftigeren Muskeln. So wie sie sind, reichen sie vollkommen aus, um eine Zugfahrkarte zu kaufen, den Knopf eines Hebekrans zu bedienen oder eine Dose Katzenfutter zu öffnen. Allerdings hätte ich gerne eine größere Blase, damit ich nachts nicht mehr aufstehen muss. Ach, Mensch, warum hast du am achten Tag nicht die Blasengymnastik oder das Penisbuilding erschaffen? Das Gehirnjogging gibt es zum Glück schon. Obwohl man auch kein größeres Gehirn davon bekommt. Nur die Anzahl der Verbindungen zwischen den Gehirnzellen nimmt zu.

Das kann man von normaler Gymnastik nicht behaupten. Eine Sekunde lang wirklich tiefes Nachdenken würde genügen, und man beträte kein einziges Fitnesscenter mehr. Warum besuchen die meisten Männer überhaupt diese Selbstbedienungsfolterkammern? In der Hoffnung, mit einem größeren und kräftigeren Körper schönere und bessere Geschöpfe von Mädels anzulocken. Die aber achten nicht allein auf das Äußerliche, sondern vor allem auf die Stimme eines Mannes. Und die muss tief sein. Denn tiefe Stimmen gehören großen, richtigen Männern mit ordentlichem Bruch in der Stimme. So lange das Bodybuilding nicht zu einer tieferen Stimme führt, kann man es getrost sein lassen. Was hat eine Frau schon von einem Bodybuilder mit Piepsstimme? Statt seinen Körper zu martern, sollte man die Zeit lieber nutzen und für eine tiefere Stimme üben. Nur ein Ton tiefer brächte jeden Mann seinem Ziel schon einen großen Schritt näher.

Der Bauarbeiter

Mit dem Rauchen aufzuhören, ist keine Kunst. Man braucht lediglich von den Zigaretten zur Pfeife überzuwechseln. Dabei spielt es keine Rolle, dass Pfeiferauchen eklig ist; was zählt, ist, dass man sich mit so einem Ding unsterblich lächerlich macht. Das wird einem eine Lehre sein. Ich spreche aus Erfahrung.

Nach meiner Pfeife habe ich nicht die geringste Sehnsucht. Allerdings vermisse ich meinen kleinen Pfeifenstopfer, so ein Miniaturcampingwerkzeug, Sie wissen schon, mit dem man stopfen, etwas auflöffeln, sich pieksen und kratzen kann. Es ist eine Tatsache, dass jeder multifunktionale Gegenstand das Bedürfnis des Menschen nach Universalität anspricht. Wenn ich mir Modeschauen im Fernsehen ansehe, kann ich mich hinterher nur an jene Kleider erinnern, die sich im Handumdrehen in etwas anderes verwandeln ließen. An ein Cape, aus dem ein Hut wurde, an einen Badeanzug, der sich in eine Abendrobe verwandelte. Dass gerade Frauen von allem fasziniert sind, was zu gleicher Zeit saugen, klopfen und fegen kann, sieht man auf jeder Haushaltswarenmesse. Vielleicht eine andere Form des Penisneids.

Mit so einem Pimmel lässt sich ja auch jede Menge anstellen. Man kann damit pinkeln oder sich mit seiner Hilfe gatten. Allerdings hat man dabei mit ähnlichen Einschränkungen zu kämpfen wie beim Schweizer Taschenmesser: Es geht nicht alles gleichzeitig. Sich die Nägel schneiden und im selben Augenblick einen Fisch schuppen zu wollen, ist nicht drin; wer pinkeln will, während sein Pimmel stramm zur Paarung steht, stößt auf ebenso große Schwierigkeiten wie derjenige, der sich paaren möchte, während sein Pimmel sich gerade zum Pinkeln neigt. Das ist, als würde die Gangschaltung zwischen zwei Gängen klemmen oder die Kupplung schleifen.

Und trotzdem ist die Natur verrückt nach mehrfach funktionstüchtigen Organen. Die Füße eines Menschen gehen und schwitzen gleichzeitig; man kann aus seinen Augen herausschauen, obwohl sie gerade weinen; und Nasen sind dazu da, irgendwo hineingesteckt und geschnäuzt zu werden. Mein Lieblingsorgan mit Zweifachfunktion ist allerdings die weibliche Brust. Man könnte meinen, sie diene in erster Linie dazu, Kinder zu säugen. Von wegen! Jedem Kind ist klar, dass die Brüste, wären sie ausschließlich zum Milchgeben da, die Form von Milchflaschen hätten. Haben sie aber nicht. Und wenn es tatsächlich nur um die Milch ginge, wozu dann der Spalt zwischen den Brüsten? Kinder interessieren sich nicht im Mindesten für diesen Spalt. Väter schon eher.

Für eine Frau mit tiefem Dekolleté ist es sinnlos, sich intelligent mit einem Mann unterhalten zu wollen. Dieser Mann wäre hoffnungslos unkonzentriert. Er würde dem Spalt ständig mit den Augen bis zur Stelle folgen, wo er wie ein Fluss zwischen den Felsen verschwindet. Das erklärt seine Funktion: Er ist eine Art Honiggrube. So nennt man den klebrigen Gewebsstreifen auf den Blütenblättern, der ins Innere der Blüte führt und Bienen und Hummeln den Weg zum Nektar weist. Aber wenn nun der Brustspalt eine Honiggrube ist, welchen Weg will er uns dann weisen, und was noch viel wichtiger ist, wohin? An seinem

Ende ist so wenig ein Topf voller Gold zu finden wie beim Ende des Regenbogens. Diese Überlegung ist Wasser auf die Mühlen von Desmond Morris, der behauptet, Brüste seien nur die stellvertretende Schaufensterauslage dessen, was eine Frau andernorts zu verkaufen habe: ihren Hintern nämlich. Auch der besteht aus zwei herrlich runden Kugeln mit einem Spalt dazwischen, und diesmal mit Nektar und allem Drum und Dran. Ein Mann braucht nur der Pospalte zu folgen, und er endet im Honigtopf.

Bleibt nur noch die Frage zu klären, was denn die Pospalte bei den Männern soll. Man bekommt sie sogar öfter zu Gesicht als die der Frauen. Beugen sich Männer an der Kneipentheke auf ihrem Hocker nach vorn, bietet sich dem Betrachter hinter ihnen meist ein abstoßendes Bild: das Bauarbeiterdekolleté. Erst möchte man seinen Augen nicht trauen, aber dann dringt die Wahrheit unerbittlich zu einem durch: Bei Männern ist die Spalte behaart. Nur selten wird der Glaube an die Zweckmäßigkeit aller Evolution auf eine härtere Probe gestellt. Warum Haare in einer Spalte, die nur dazu da ist, gewischt zu werden?

Der Engel

Immer und überall ein großes Durcheinander – das mögen wir gar nicht. Wir rücken der Unordnung mit Systemen, Schemata, Reihen und Hierarchien zu Leibe. Uralt ist die »Leiter der Natur«. Darauf hat alles, egal, woher es kommt, für immer seinen Platz. Unten finden sich die Steine, eine Leitersprosse höher die Pflanzen, danach kommen die Würmer, die Kühe, die Affen, und ganz oben steht der Mensch. Aber da ist auch noch Gott. Der steht superdrüberobenan, sodass zwischen Gott und dem Menschen ein Riesenloch klafft. Aber das hat man gestopft: mit Engeln; mit Hunderttausenden, mit Millionen von Engeln, denn »tausend mal tausend dienten dem Herrn und zehntausend mal zehntausend standen vor Ihm«. Es gibt Engel niedriger und Engel höherer Ordnung. Vom Menschen bis hoch zu Gott gibt es eine Engelsleiter, die von den gewöhnlichen Engeln über die Erzengel, die Fürstentümer, die Gewalten, die Mächte, die Herrschaften, die Throne bis hin zu den Cherubinen und Seraphinen führt.

So steht es in der Bibel. Schlägt man allerdings in Büchern über Fabeltiere nach, findet sich nur wenig über Engel. Obwohl dem Engel das Hauptmerkmal aller Fabeltiere eigen ist: das Zusammengesetztsein. Wie ein Zentaur aus einem Menschen und einem Pferd besteht und ein Greif aus einem Adler und einem Löwen, so ist ein Engel aus einer Hälfte Mensch und einer Hälfte Vogel gebaut. Engel haben nämlich Flügel. Manche haben sogar vier oder sechs davon. Aber normale Engel, wie zum Beispiel die, die an Weihnachten Dienst haben, müssen sich mit zweien behelfen. Auf Abbildungen hat ein Engel immer große Ähnlichkeit mit einem zweiflügeligen Transvestiten. Berühmt sind die florentinischen Gemälde, auf denen Maria die Verkündigung aus dem Munde Gabriels empfängt. Trotzdem gefielen sie dem Schriftsteller S. J. Gould bei seinem Besuch in Florenz nicht besonders. Gould ist wohlgemerkt

Biologe. Natürlich sind die Gesichter der Engel wundervoll, und auch ihre Hände, aber die Flügel taugen nichts. Sogar bei den Engeln von Fra Angelico fand Gould sie »steif« und »leblos«. Da waren ihm die Engel von Leonardo da Vinci schon lieber! Dessen Engelsflügel sind nicht nur schön, sondern auch zweckmäßig; sie haben die richtige Wölbung, die Federn sind anatomisch korrekt geformt und befinden sich da, wo sie hingehören. Das ist kein Zufall. Leonardo hatte die Flügel der Vögel genau studiert, weil er eine Flugmaschine bauen wollte. Eine echte, eine mit auf- und abflatternden Flügeln; nicht eines dieser kotztütenbewehrten Dinger, die heute massenhaft herumfliegen und die so wenig fliegen wie ein Schiff schwimmt.

Doch keines von da Vincis Flugzeugen ist je geflogen, und seine Engel könnten es auch nicht. Vorausgesetzt, der Engel ist nicht vollkommen gewichtslos (wäre er es, wozu bräuchte er dann Flügel?), dann sind die Flügel, so wie sie dargestellt sind, zu klein. Um Gabriel vom Boden heben zu können, müssten sie um ein Vielfaches größer sein als der Körper. Aber das ist nicht mal bei echten Vögeln der Fall. Für die Bewegung von großen Flügeln wäre mehr Muskelkraft erforderlich, als in einen Körper passt. Es sei denn, man baute ihn so leicht, dass er beim ersten Flügelschlag zerbrechen würde.

Mich jedenfalls wundert nicht, dass es so viele gefallene Engel gibt.

Der Krüppelphilosoph

Es gibt zwei Arten von Interviewern: gute und schlechte. Schlechte Interviewer bereiten sich gut vor. Sie suchen in alten Interviews nach lustigen Antworten und denken sich dann eine Frage dazu aus. Gute Interviewer erkenne ich sofort. Sie fragen mich nicht, ob ich wirklich heiße, wie ich heiße. So brauche ich nicht zum x-ten Male zu erzählen, dass ich mir vor urlanger Zeit selber den Namen Midas zugelegt habe. Damals wusste ich noch nicht, dass es in Amerika Auspuffrohre gibt, die so heißen: Midas Mufflers. Nicht, dass mir das was ausmachte; aber dann hätte ich mich ja auch gleich Mister Minit nennen können.

Neulich bekam ich einen netten Brief von einer Frau, die schwanger war. Ob ich es gut fände, wenn sie ihr Kind Midas nennen würde? Ich fand's gut. Dann kam ein zweiter Brief. Ihr Mann hätte was dagegen. Ob sie stattdessen ihre Katze so taufen dürfe? Auch das hielt ich für eine ausgezeichnete Idee. Es ist immer gut, Katzen Menschennamen zu geben. Das schafft ein inniges Band des Vertrauens. Zu Katzen, die man Mohrchen getauft hat oder Tiger oder Mieze, wahrt man meist doch mehr Distanz als bei Katzen, die Marie, Koos, Desiré oder Arie heißen. Man nennt sein Kind ja auch nicht Roter, Schnurrchen oder Schwarzpfote. Dennoch habe ich eine Katze, die keinen Menschennamen trägt. Meine Katze Präsent heißt Präsent, weil wir sie uns gegenseitig geschenkt haben. Das heißt, sie hieß so, bis ihr eine Pfote amputiert werden musste. Jetzt hat sie nur noch drei Pfoten und heißt Stativ.

Stativ vermisst ihre Pfote nicht wirklich. Meiner Meinung nach weiß sie nicht mal, dass ihr eine fehlt. Ich jedenfalls habe noch keine Katze getroffen, die auf vier zählen konnte. Manchmal fängt Stativ bei ihrer linken Vorderpfote zu zählen an, aber schon bei der rechten Vorderpfote hat sie sich verzählt. Das Einzige, was sie nicht mehr so gut kann, ist, sich links unterm Kinn zu kratzen. Also müssen wir das für sie übernehmen. Auffordernd reckt sie ihr Kinn hoch, den Kopf leicht zur Seite geneigt, bis wir ihr den Wunsch erfüllen. Und dann passiert etwas Wunderbares. Sobald wir mit dem Kinnkratzen angefangen haben, kommt Bewegung in den Stumpf, der ihr von der Hinterpfote geblieben ist. Als wäre noch die ganze Pfote dran, bewegt sich der Stumpf in unserem Rhythmus mit. Das Kratzen unterm Kinn ist für Stativ unlösbar mit dem Bewegen ihrer Hinterpfote verbunden, ob sie nun drankommt oder nicht. So spottet sie den Gesetzen jeder Logik. Eine Ursache führt nicht zur Wirkung, sondern die Wirkung führt hier zur Ursache. Auf diese Weise mischt sich Stativ in die hitzige philosophische Diskussion ein, die seit Aristoteles über das Problem der Kausalität geführt wird. Und schlägt sich dabei eindeutig auf die Seite von Denkern wie Kant, die meinen, die Verbindung von Ursache und Wirkung müsse nicht zwangsläufig realiter existieren, sondern könne auch in einer Vorstellung bestehen. Vielleicht sollten wir Stativ ein drittes Mal taufen – und sie Kant oder Aristoteles nennen.

Beim Menschen ist das Vertauschen von Ursache und Wirkung nicht nur bei jenen Interviewern zu beobachten, die aus der Antwort auf die Frage schließen, sondern vor allem bei Fernsehkomikern. Früher sagte so ein Komiker etwas Lustiges, worüber die Leute dann lachten. Heutzutage lassen viele Komiker das Lustige weg und lachen einfach so. Das Publikum lacht in jedem Fall mit. Denn wenn der Komiker lacht, muss es ja lustig gewesen sein, und etwas Lustiges ist zum Lachen. »Wir haben angefangen«, sagt der Moderator, und der Saal krümmt sich vor Lachen. Am Ende kriegen sich die Leute nicht mehr ein, geschweige denn der Komiker.

»Mensch, haben wir gestern gelacht«, sagt so eine beifallhörige Knallcharge am nächsten Morgen. »Ach, ja?«, fragt man zerstreut. »Und wie!«, kommt die Erwiderung. Eine spannende Unterhaltung verspricht das nicht zu werden. Aber das macht nichts. Auch heute Abend gibt's wieder einen Komiker im Fernsehen. Wieder was zum Lachen!

Der Brüllaffe

Ich besitze ein Transistorradio. Das kann ich sehr laut stellen. Es hat ja auch mehr als zweihundert Volt, eine Spannung, die hoch genug ist, um einer erwachsenen Muttersau das Lebenslicht auszublasen. Damit mein Apparat den ganzen Strom auch verarbeiten kann, hat er ein großes Maul: die Lautsprecher. Haben wir das Radio Guglielmo Marchese Marconi zu verdanken, so sind die Lautsprecher eine reine Erfindung des Teufels. Mit Lautsprechern kann man Völker aufhetzen, die schönste Kneipenatmosphäre verpesten oder die Nachbarn um den Schlaf bringen.

Ein Lautsprecher ist ein großer künstlicher Kehlkopf. Je nach Durchmesser kann man enormen Krach damit schlagen. Im Übrigen funktioniert er nicht anders als unsere Stimmbänder. Durch die Bewegungen der Konusmembran wird die Luft in Schwingung versetzt und bringt einen Moment später unser Trommelfell zum Zittern, unter Umständen auch Gläser und Tassen. Auch manche Tiere verfügen über solche Lautsprecher, aber die sind nicht elektrisch. Hier übernimmt die Stimme das Zitternlassen. Bei Brüllaffen ist das Zungenbein zu einem stabilen Resonanzkörper umfunktioniert. So hört man sie im ganzen Wald. Weil solch ein Resonanzkörper ganz widerlich im Wege sein kann, bedienen sich andere Tiere lieber Ballons, die sie zum Zwecke der Geräuschproduktion aufpumpen. Die Ballons treten dann deutlich sichtbar unten am Hals oder im Nacken hervor. Quakballons kommen bei Fröschen, Kröten und Trompetern wie Dizzie Gillespie vor. Frösche und Kröten wollen mit dem damit produzierten Lärm Liebespartner anlocken, oder sie halten damit die Gruppe beisammen; die Frage, welchen Zwecken der aufgeblasene Lärm der Jazztrompeter dient, müsste noch näher untersucht werden.

Die meisten Menschen verfügen über keinen Quakballon. Bevor sie lernten, elektrisch miteinander fernzusprechen, verstärkten sie ihre Stimme mit dem, was man paradoxerweise auch Flüstertüte nennt: dem Megafon. Das Megafon bündelt den Schall in eine Richtung. Um aber in noch früheren Zeiten zu einer großen Menschenmenge sprechen zu können, baute man mitten auf dem Dorfplatz einen riesigen Quakballon, zig Meter lang, zig Meter hoch und zig Meter breit, in den alle Dorfbewohner leicht hineinpassten. So einen Resonanzkörper nennt man auch heute noch Kirche. War eine Kirche gut gebaut, konnte der Pastor oder Pfarrer ohne elektrische Beihilfe der versammelten Gemeinde die Leviten lesen. Seit nur noch Taubstumme mit den Händen reden, ist auch der Glaube elektrifiziert. In fast allen Kirchen gibt es mittlerweile mehr Lautsprecher als gläubige Zuhörer. Und lieber als dem Pfarrer am Sonntag lauschen diese Zuhörer wochentags den Symposions-, Seminar-, Workshops- und Kongressschwätzern, die in ihrem Radebrechenglisch darlegen, wie man noch mehr Geld verdienen kann oder wie man auf der gesellschaftlichen Leiter eine Stufe höher fällt, indem man die weniger ehrgeizigen Mitmenschen mit den Ellbogen der modischen Marketingtechniken vom Weg abdrängelt. Auch hier vermitteln hoch technisierte Lautsprecheranlagen die weltliche Botschaft. Dabei fällt auf, dass dabei nicht, wie in der Kirche, der Saal von Leere erfüllt ist, sondern die Kanzel. Der moderne Redner hat ein kleines Mikrofon am Revers, das ihn in die Lage versetzt, zu gehen und zu stehen, wo immer er will, und er ist so blöd und tut das auch. Kreuz und quer wandert er über das Podium und legt so während seiner Rede eine tüchtige Strecke Wegs zurück. Wer für einen Augenblick einschläft, hat beim Aufwachen Mühe, den Redner wieder zu finden. Denn anders als im Fernsehen, wo sie auch alle solche kleinen Mikrofone haben, gibt es keine Kameras, die den Redner bei seinem Marathon verfolgen. Das macht einen ganz verrückt. Oder würden Sie zu Hause in aller Ruhe weiter fernsehen, wenn ihr Apparat dauernd zwischen Schrank und Wand hin und her wanderte?

Das Dünenkaninchen

Dass mehr Männer den Wald lieben als Frauen, hat seinen Grund: Sie haben mehr davon! Ein Wald besteht aus Abertausenden von Bäumen, und was gibt es Schöneres für einen Mann, als an einen Baum zu pinkeln? Während wir Männer es uns sonst stundenlang verkneifen, öffnen wir bei jeder Waldwanderung schon nach einer Viertelstunde den Reißverschluss. Und der Hund sieht's und billigt es.

So befreiend das Pinkeln an der frischen Luft auch ist, so beunruhigend ist der damit verbundene Gedanke: Das tun ja nicht nur wir Menschenmänner, sondern sämtliche Tiere des Waldes. Da sie keine Toiletten haben, müssen sie es einfach laufen lassen: Sie pinkeln an Bäume, von Ästen herab, lassen es aufs abgefallene Laub plätschern. Blattläuse entleeren sich, bis der ganze Baum klebt, Bodentiere verdauen den Boden in solch aberwitzigem Tempo, dass jede Krume Waldboden pro Jahr ein paar Mal gefressen und wieder ausgeschissen wird. Der Wald, in dem man so frisch, fromm, fröhlich und frei herumwandert, ist ein einziger Misthaufen.

Noch schlimmer steht es mit dem Meer. Dort gibt es ja nicht mal Bäume. Ob Fisch, Garnele, Seegurke, Qualle oder Muschel, alle entleeren sich ins Wasser, mal ganz zu schweigen von den Walen. Tagein, tagaus, jahrein, jahraus, über Millionen Jahre hinweg. Das Meer, in dem wir so gerne plantschen, ist ein einziges Pissoir, das Meerwasser reine Fischpisse.

Was wir Umwelt nennen, ist nichts anderes als Ausscheidung von Pflanze und Tier. Mutter Natur ist hoffnungslos inkontinent. In dieser Hinsicht sind wir in guter Gesellschaft. Einer von zehn Menschen ist inkontinent. Die Hälfte davon sind Babys, die es noch nicht gelernt haben, die andere Hälfte ältere Erwachsene, die es schon wieder verlernt haben. Windelfabriken verdienen nicht schlecht daran, und die Erwachsenen schämen sich. Was sie überhaupt nicht zu tun brauchen, weil Inkontinenz reine Natur ist. Vor allem für den Urahn des Menschen, der in den Bäumen lebte und seine Exkremente in aller Seelenruhe der Schwerkraft überließ.

Natürlich gibt es Tiere, die den Harn- und Stuhldrang eine Weile anhalten können. Aber die bezwecken etwas damit. Ein Nilpferd zum Beispiel hält ihn an, bis es wie ein durchgedrehter Jauchewagen den Kot mit kreiselndem Schwanz meterweit um sich schleudern kann. So markiert es sein Revier. Zoodirektoren, die glauben, der Tiergarten gehöre ihnen, mögen das gar nicht. Dünenkaninchen machen das auf eine viel ordentlichere Art mit hübschen Kötelchen, obwohl es inzwischen so viele Kaninchen gibt, dass davon nicht klarer wird, welches Stück Dünengarten nun wem gehört.

Warum aber veranstalten wir nichts mit unseren Ausscheidungen? Aus demselben Grund, aus dem wir derart inkontinent sind: weil unsere Ahnen in den Bäumen lebten. Dort haben sie sich das Riechen abgewöhnt. Wenn man sich wie ein Affe in den Bäumen von Ast zu Ast und von Baumstamm zu Baumstamm schwingt, dann ist es besser, man verlässt sich nicht, wie die meisten Säugetiere, nur auf den Geruchssinn. Ein Säugetier, das sich durch die Bäume schwingt, knallt schnell gegen einen Stamm. In den

Bäumen muss man scharfe, große Augen haben, die nach vorn gerichtet sind, wodurch für die Nase nur noch so viel Platz bleibt, dass man eine Brille draufsetzen kann. Ein Geruchstier riecht einem Haufen an, von wem er stammt, wie lang er schon da liegt, weshalb er genau dort liegt und wie es dem ehemaligen Besitzer ging. Zwei Haufen bilden schon die reinste Korrespondenz, zehn einen Roman. Einen Roman, den wir Schlechtriecher nicht lesen können – in dieser Hinsicht sind wir Analphabeten.

Wir haben eine andere Sprache. Wir sprechen nicht mithilfe von Exkrementen, sondern mit Kopien, Memos, Faxen, Notizen, Memoranda, Prospekten, Berichten und Broschüren. Die scheiden wir dann aber auch an allen Ecken und Enden aus. Hoffnungslos inkontinent.

Der Angsthase

Warum sind Sie nicht tot? Die meisten Menschen sind es nämlich. Es gibt weitaus mehr Tote als Lebende auf der Welt. Kein Wunder bei den abertausend Arten zu sterben: Leute fallen aus Fenstern, fahren mit ihren Autos gegen Bäume, Stürme jaulen um lockeres Felsgestein, in der Luft wimmelt es von stumpfen Gegenständen, die einem beim Herabfallen den Schädel einschlagen. Wer Angst hat, hat Recht.

Ängstigen Sie sich ruhig! Leiden Sie nur unter Flugangst! Fürchten Sie jeden Schmerz! Zittern Sie vor Schlangen! Bangen Sie in der Höhe! Haben Sie Angst vor dem Platz! Phoben Sie claustro! Hüten Sie sich vor dem Hund! Das sind wenigstens Ängste, denen man aus dem Weg gehen kann. Weite Plätze, enge Lifte und stürmische Höhen kann man meiden, Schlangen trifft man sowieso höchst selten, und Fliegen ist eine nutzlose Tätigkeit. Aber es gibt eine Angst, der man nicht entgehen kann. Die Hypochondrie, das Grübeln über mögliche Krankheiten, die Angst vor einem selber. Ein wahrer Hypochonder macht aus jeder Mücke einen Elefanten. Ein Muttermal bedeutet gleich Krebs, und ein Tag Durchfall ist mit Sicherheit Aids. Ein Hypochonder hat Angst vor dem Körper, der ihn beherbergt. Und mit Recht. Was kann an einem Menschen nicht alles kaputtgehen! Er ist zerbrechlich wie Glas, empfindlich wie Kristall. Beine brechen, Köpfe rollen, der Atem stockt, jede der Milliarden Körperzellen kann den Kram hinschmeißen oder die Fasson verlieren. An Krankheiten sterben fünfzehnmal mehr Menschen als an Unfällen. Medizinstudenten zeigen sofort die Symptome all jener Krankheiten, die gerade Lehrstoff sind.

Dass Sie es so lange ausgehalten haben, ist ein Wunder, aber ein Wunder, das doch recht häufig vorkommt. Es wiederholt sich ungefähr fünf bis sechs Milliarden Mal. Offensichtlich sind unsere Körper doch unerwartet gut gegen all diese Gefahren gewappnet. Deshalb belächeln die meisten Leute einen Hypochonder nur, der sich stets an dem Gedanken labt, am Ende doch Recht zu behalten. Wer zuletzt lacht, lacht am besten.

Seitdem wir der Ansicht sind, dass der Mensch mit Tieren, Pflanzen und dem restlichen Kladderadatsch einen einzigen Organismus bildet, hat die Hypochondrie neuen

Auftrieb erhalten. Wo wir früher nie Beschwerden hatten, spüren wir heute ein Ziehen und ein Stechen. Die Lebensadern von Mutter Natur verkalken, ihre Leber schrumpft unter der DDT-Vergiftung, und der Stoffwechsel leidet unter dem sauren Regen. Immer wieder unken die Hypochonder der Umweltbewegung, dass es diesmal unwiederbringlich mit allem vorbei wäre. Auf Nimmerwiedersehen, Blumen! Auf Nimmerwiedersehen, Vögel! Auf Nimmerwiedersehen, Fische! Doch jedes Mal erweist es sich im Nachhinein als gar nicht so schlimm. Keine Lungenentzündung, sondern nur eine Erkältung, lautet die Diagnose. Zugegeben, unsere Wälder sind beschädigt, aber das vorausgesagte große Waldsterben hat nicht stattgefunden. Das Einzige, was wirklich umkippt und versauert, ist die Umweltbewegung. Ihr werdet schon sehen, rufen sie laut, das nächste Mal wird es nicht so glimpflich ablaufen. Moment, ich glaub, ich spür was! Ist hier ein Arzt im Saal?

Im Moment stellen die Umweltschützer fest, dass Mutter Natur Fieber hat. Die Diagnose: Treibhauseffekt. Obwohl die Gutachter sich noch nicht mal einig sind, wie hoch das Fieber nun tatsächlich ist, hört man schon die Totenglocken läuten. Doch die haben schon so oft geläutet, dass sie ganz verstimmt sind. Am Ende aber werden die Umweltschützer Recht behalten, wie jeder Hypochonder Recht behält. Irgendwann einmal wird auch die Natur zu Grunde gehen. Aber wann und woran sie stirbt, weiß nur die Zukunft. Wir müssen uns an die Vergangenheit halten. Und diese lehrt uns: Es mag noch so schlimm um den Elefanten stehen, aber es ist sinnlos, aus jeder Mücke einen Elefanten zu machen.

Das Lamm

Wie macht man aus einem Schaf Lammfleisch? Eine Frage, die jeden Metzger brennend interessiert. Dabei weiß jeder Bauer, wie das geht. Man braucht nur einen Schafbock dazu. Bringt man einen Bock zu den Schafen, gibt es in kürzester Zeit Lammfleisch, ordentlich in Wolle verpackt, auf übermütigen Beinchen herumhüpfend, jedes Frühjahr eine ganze Weide voll.

Fortpflanzung ist die beste Verjüngungskur. Eine alte Eizelle verwandelt sich nach der Befruchtung in Milliarden zartester Muskel- und gewiefter Gehirnzellen. Wer selber lange jung bleiben will, sollte seine eigene Fortpflanzung allerdings so lange wie möglich hinauszögern. Im Labor werden Fruchtfliegenstämme, die erst spät im Leben zum Paaren kommen, älter als Stämme, die schon früh randurften. Ein Lachs, der das Greisenalter erreichen will, sollte sich überhaupt nicht paaren, denn Lachse sterben kurz danach. Das ist übrigens durchaus logisch, denn sobald man sich fortgepflanzt hat, hat man seinen Beitrag zum Fortbestand der Art geleistet. Was Mutter Natur betrifft, könnte einen danach sofort der Schlag hinwegraffen. Wenn lebende Organismen überhaupt eine Überlebensgarantie haben, dann gilt diese nur bis zum Zeitpunkt der Fortpflanzung; die meisten Herstellungsfehler in Form von Krankheiten treten erst dann zu Tage, wenn sie die Pflicht zur Arterhaltung nicht mehr bedrohen können. Wenn das erste graue Haar erscheint oder nach einem Lachen im Gesicht nur noch Falten bleiben, werden viele Leute von der Angst vor dem

Älterwerden ergriffen. Dabei hat man da das Schlimmste schon hinter sich. Wir altern am stärksten, wenn wir jung sind. Mit seinem Kahlkopf und dem zahnlosen Mund sieht ein Neugeborenes nicht nur wie ein Greislein aus, es ist im Grunde auch eines, weil es nämlich in einem Maße altert, wie das später nie mehr der Fall sein wird. In seinem jungen Körper wird nicht nur fieberhaft aufgebaut, sondern auch fieberhaft abgebaut. Ein Baby ähnelt darin einer modernen Großstadt wie etwa Rotterdam. Dort werden Gebäude abgerissen, die gerade erst erbaut worden sind, nur um sie durch neue zu ersetzen, die ebenso schnell wieder abgerissen werden. In einem erwachsenen Körper wird viel langsamer abgerissen und aufgebaut. Er gleicht darin einer Stadt mit einem historischen Zentrum wie Amsterdam. Aber Zellen können sich nicht unbegrenzt erneuern. Bei alten Menschen nimmt die Fähigkeit zur Regeneration ab, die Zellen sterben. Bis keine neuen mehr da sind. Daran ist aber nicht der alte Körper schuld, sondern der ehemals junge, der mit der Vitalität seinerzeit so verschwenderisch umgegangen ist. Ein alter Mensch schlurft, vorsichtig Fuß vor Fuß setzend, auf den Tod zu, ein Baby aber rennt in Richtung Grab. Bei einem alten Menschen geht nun mal alles langsamer, sogar das Altern.

Aber wieso glauben wir dann, es sei gerade umgekehrt? Klagen nicht die Alten dauernd, die Zeit vergehe so schnell? Die Spanne zwischen zwei Geburtstagen werde immer kürzer, während einem als Kind die Zeit bis zum nächsten Wiegenfest wie eine halbe Ewigkeit vorkam. Das erklärt sich leicht, wenn man bedenkt, dass ein Mensch die Zeit nicht an dem misst, was noch vor ihm, sondern was hinter ihm liegt. Für ein vierjähriges Kind sind zwölf Monate ein Viertel seines bisherigen Menschenlebens, für seinen fünfzigjährigen Opa nicht mal zwei Prozent, und die sind im Nu vorbei.

Neidisch schauen alte Leute zu, wie sich die Lämmer auf der Wiese tummeln. Aber wer alt ist, ist weise. Alte Leute wissen, dass Trost käuflich ist. Und nicht mal so teuer.

»Guten Tag, Herr Metzgermeister, ich hätte gern drei Lammkoteletts. Und dazu ein Tütchen Thymian, bitte.«

Die Weide

Ich kann mich noch erinnern, wie Hollands erster Wanderweg, der Pieterpfad, eingeweiht wurde. Endlich konnte man auch in den Niederlanden lange Wanderungen unternehmen. Das war gut. Doch dann eröffnete man nacheinander den Siebenwälderpfad, den Drentepfad, den Waterlandpfad, den Flevo-Schokland-Pfad, den Vierflüssepfad, den Lingepfad, den Findlingspfad und schließlich den Graf-Floris-V.-Pfad. Das Grün wurde vor lauter Streckenmarkierungen rot-weiß gestreift, und mitten auf der Heide konnte man Wanderern in kompletter Bergsteigerausrüstung begegnen. Das entsetzte mich zutiefst. Es ist ja schön und gut, dass man diese ganzen Wanderwege eröffnet hat, aber wer schließt sie eigentlich wieder? Und wann? Es ist wie mit den Schnellstraßen, den Fahrradwegen und den Feriendörfern – und genau darin liegt die Ursache aller Umweltprobleme: Man eröffnet mehr, als man schließt. Was dieses Land am meisten braucht sind Schließer und Dichter.

Trotzdem, auch ich eröffne zuweilen etwas. Denn es ist eine feine Sache, fast wie Geschenkeauspacken. Neulich erst einen Freizeitpark. Ein Freizeitpark ist Natur ohne Natur. Das heiße ich durchaus gut, weil es die Leute von den echten Wäldern fern hält. Bei meiner Ankunft sah ich schon von weitem einen Haufen Kinder herumlaufen. Naturkundeunterricht vor Ort war angesagt, das sah man gleich. Verdonnerten uns die Pater noch dazu, das ganze Jahr über Weihnachtskrippen laubzusägen, so zimmern Kinder von heute das ganze Jahr Vogelhäuschen. Und Bäumepflanzen steht natürlich auch ständig auf dem Stundenplan. Diesmal eröffnete eine Natur- und Umwelttheatergruppe das Spektakel. Als Vögel verkleidet, kündigten sie mich an. Ein Mann trug einen Anzug aus Gras. Nach den Ansprachen erschien eine Natur-und-Umweltfrau auf der Bühne, die sich als Weide kostümiert hatte und ein Lied über Bäume sang. Man stelle sich vor: eine singende Weide! Verzweifelt schaute ich mich um, ob sich nicht jemand als Beil oder Säge verkleidet hatte. Nur zu gern hätte ich diese Weide gekappt. Aber ich fand nichts, um sie zu fällen. Wir mussten uns das ganze Lied anhören und danach noch ein Stück von einer Torte verzehren, die eigentlich keine Torte war, sondern ein Symbol von irgendetwas. Am Ende gingen die Kinder erleichtert in die Schule zurück. Ich aber musste noch ein Weilchen nachsitzen. Ab und zu geistert die singende Weide noch durch meine Träume. Ist ja schön, dieser Naturkundeunterricht vor Ort, aber wer, frage ich, schafft ihn wieder ab?

Alles, was einen Anfang hat, muss auch ein Ende haben; es reicht nicht, einfach die Tür hinter sich zuzumachen. Früher hatten wir dafür die Abendandacht im Fernsehen. Jeden Abend beschloss ein Geistlicher dort unseren Tag. Das passiert heute nicht mehr. Kein Wunder, dass die Leute nicht nur Überstunden, sondern ganze Übertage machen. Aus lauter Verzweiflung gehen viele am Sonntag arbeiten oder einkaufen statt in die Kirche. Ob das schlimm ist? Eigentlich nicht. Der Mensch ist keineswegs an einen Wochenrhythmus gebunden. An den Tagesrhythmus der Sonne, das schon, auch an den Monatsrhythmus des Mondes oder den Jahresrhythmus der Erde. Präzise wie ein Uhrwerk richten sich unsere Organe nach den Tagen, Monaten und Jahren, aber die Wochen sind ihnen schnuppe. Denn die Wochen wurden uns nicht von der Natur, sondern von Gott auferlegt, sie sind übernatürlicher Art. Sieben Tage in der Woche zu arbeiten, stellt biologisch gesehen kein Problem dar, aber jede Woche des Monats die Menstruation zu haben, das schon. Wir müssen uns an unsere biologischen Rhythmen halten. Rhythmen bestimmen das ganze Leben. Und den Tod. Im Rhythmus von Marschmusik lässt sich trefflich von Pieterburen nach Pietersberg wandern, aber man kann damit auch Soldaten an die Front jagen. Ein mörderischer Rhythmus. Für den Frieden muss man auf drei zählen können. Gäbe es nur den Walzer, es hätte keinen einzigen Krieg gegeben. Wer zieht schon gern im Dreivierteltakt in den Krieg?

Der Flossensuppenhai

Kühe und Hühner wäscht man am besten in kochend heißem Wasser. Wenn das Fleisch schön sauber ist, wirft man die Kuh oder das Huhn weg. Das Waschwasser serviert man in einem tiefen Teller oder in einer Suppentasse. Das nennt sich dann Bouillon.

Bouillon trinkt man entweder selbst oder füttert sie einem Kranken. Man erwartet, dass der Kranke dadurch schnell wieder zu Kräften kommt. In Wirklichkeit werden dadurch weniger die Lebensgeister als vielmehr die Esslust geweckt; die beiden werden übrigens öfter miteinander verwechselt. Bouillon ist das, wovon man Hunger bekommt. Kein Wunder, befindet sich doch kaum etwas Essbares drin. Kühe und Hühner lassen sich nun einmal schlecht in Wasser auflösen. Vom ganzen Huhn bleiben am Schluss nur wenige Gramm in der Bouillon zurück. Aber das bisschen, das sich in ihr aufgelöst hat, schmeckt außerordentlich gut. Und von diesem guten Schmecken bekommt man so viel Appetit, dass man ein ganzes Huhn aufessen könnte. Nur schade, dass man das gerade weggeworfen hat.

Wer wirft aber auch das Huhn weg und lässt das Hühnerwasser stehen? Aber es geht noch dümmer. Man ersetze nur das Huhn durch einen Hai. Für Haisuppe werden ausschließlich die Flossen verwendet. Den Hai selber wirft man gleich über Bord und die Flossen, wenn die Suppe fertig ist, gleich hinterher. Übrig bleibt die Haifischflossensuppe, ein Meer von fünfzig Millionen Liter pro Jahr. Chinesen sind ganz verrückt danach. Das ist deshalb merkwürdig, weil Haifischflossen eigentlich nach nichts schmecken. Sie bestehen vorwiegend aus Knorpel. Wenn man sie kocht, verklumpen sie zu einem wässerigen Gelatinepudding, der dann als Bouillon dient und mit Kuh oder Huhn geschmacklich auf Vordermann gebracht wird. Für eine Schale Haifischflossensuppe blättern Liebhaber gut und gerne zwischen zehn und zweihundert Gulden hin. Besonders gefragt sind Flossen von Hammer- und Makrelenhai, aber in Peking wundert man sich auch nicht darüber, wenn in der Suppe ein Hundshai aus Ijmuiden schwimmt.

Haifischflossensuppe ohne Hai und ohne Flossen? Die spinnen, die Chinesen! Aber wir sind auch nicht klüger. Jeden Tag verzehren wir massenhaft Tassen voller Gemüsesuppe ohne eine Spur von Gemüse drin: Wir trinken Tee. Muss man bei thailändischen Suppen manchmal ein einzelnes ungenießbares Blättchen zur Seite legen, so sind beim Tee sämtliche Blätter nicht zum Verzehr geeignet. In den Tropen hat man ganze Landstriche gerodet und mit Teesträuchern bepflanzt. Milliarden Teeblätter werden Stück für Stück von zarten Mädchenhänden gepflückt und danach auf die andere Seite der Welt, nach Europa, verschickt, um dort in unseren Teekannen mit heißem Wasser gewaschen zu werden und dann auf dem Müll zu landen. Weil sich diese Blätter in Wasser genauso schlecht auflösen wie Kühe oder Hühner, vergeudet die Weltbevölkerung, ohne mit der Wimper zu zucken, pro Jahr bis zu 95 Prozent der drei Milliarden Kilo kostbarer Blätter. Vom Kaffee wollen wir mal schweigen. Oder ist Ihnen noch nie aufgefallen, dass man nach dem Kaffeekochen mit dem Filter mehr Kaffeepulver wegwirft, als man hineingetan hat?

In Cafés und Restaurants serviert man Ihnen nichts lieber als eine Tasse Tee: Eine Tasse heißes Wasser, das nichts kostet, ein Teebeutel im Wert von ein paar Cent, und Sie bezahlen zwei Gulden fünfzig. Und dann muss man den Teebeutel auch noch selber in die Tasse hängen. Teetrinken in einem gutbürgerlichen Grand Café verschafft einem Mann einen fast zu guten Eindruck davon, wie einer Frau zu Mute sein muss, die ihren Tampon wechselt: Der am Faden baumelnde tropfende Tuff neben der Tasse, von dem nur Farbstoff und Gerbsäure im Wasser zurückgeblieben sind, muss etwas Vergleichbares sein. Vielleicht greifen deshalb immer mehr Männer zur Trinkbouillon als zum Tee. Instantbouillon. Für zu Hause. Ein Teelöffel Pulver genügt für eine große Tasse. Endlich sieht man mit eigenen Augen, wie wenig Essbares sich tatsächlich in dem Getränk befindet. Das Huhn oder die Kuh haben die Leute in der Fabrik schon für einen rausgeholt und weggeworfen.

Die Ananas

Wenn das Glück nicht hier ist, muss es wohl irgendwo anders sein. Auf diesem Missverständnis beruht die gesamte Tourismusindustrie. Seit das Glück nicht mehr eine Frage der Psyche, sondern eine der Geografie ist, hat der Transport von Urlaubsreisenden ungeahnte Dimensionen angenommen.

Zu meiner Zeit reiste man noch nicht zum Vergnügen. Aber wo das Glück wirklich hauste, wussten wir umso besser. Die Band Kilima Hawaiians sang täglich im Radio davon. In der Südsee auf Hawaii, dort musste man hin. Dort wiegten sich die Palmen, dort lachten die Mädchen, dort schien der Mond verträumt überm silbern leuchtenden Sandstrand. Als Nachkomme eines Seefahrervolkes emigrierte der Niederländer zwar meistens nach Kanada oder Neuseeland, aber er träumte von Hawaii.

Doch beim Träumen blieb es nicht. Hawaii wurde essbar. Lange vor der Zeit der thailändischen oder mexikanischen Restaurants, lange vor den türkischen und jugoslawischen Spezialitäten verzehrte man hier und anderswo den Toast Hawaii. Hawaii, das war eine gelbe Scheibe mit einem Loch darin; Hawaii, das war die Ananas. So wie Paprika nur ein Synonym für Zigeuner ist und ein Gewürzglas voll Curry den Geburtsort jeden Inders darstellt, brauchte man nur einen Bissen Ananas zu sich zu nehmen, und in Gedanken war man schon auf Hawaii. Ananas, das war in den Fünfzigerjahren Exotik pur: ein saftiger Kuss von fernen Stränden.

Erst viel später stellte sich heraus, dass die Ananas aus Hawaii ein ähnliches Schicksal durchlitten hat wie die Tulpen aus Amsterdam. Die Früchte kamen erst im 18. Jahrhundert von Amerika nach Hawaii. Das braucht dem Vergnügen keinen Abbruch zu tun, denn Ananasse sind noch viel exotischer, als wir es uns in unseren Jungenfantasien ausmalten. Die Ananas ist nämlich ein Fleischfresser.

Fleisch fressende Pflanzen kannten wir damals nur aus Horrorfilmen oder Comics. Es waren unheimliche Schlingpflanzen, die hinterm Gebüsch auf der Lauer lagen, um ihre Opfer mit Tentakeln zu umschlingen oder mit Dornen aufzuspießen. In Wirklichkeit aber begnügen sich Fleisch fressende Pflanzen mit Fliegen und Wasserflöhen. Damit will ich sie nicht von aller Anklage freisprechen. Denn man fragt sich angesichts ihrer schon: Wenn sogar Pflanzen Fleisch fressen, warum sollen wir dann Vegetarier werden?

Ananasse haben keine gefährlichen Tentakel, nicht einmal Blätter, die sie zuklappen könnten wie die Venusfliegenfalle. Doch einen Happen Fleisch verschmähen sie nicht. Legen Sie mal etwas frische Ananas auf ein Stück Fleisch. Das Fleisch wird hinterher ganz zart sein; es ist nämlich vorverdaut. Anderen tierischen Geweben ist die Ananas ebenfalls nicht abgeneigt. Vor allem Bindegewebe, am liebsten in Form von Gelatine, darauf ist sie ganz versessen. Frische Ananas arbeitet sich bedenkenlos durch einen ganzen Gelatinepudding. Überall wo sie die Gelatine wegfrisst, verliert der Pudding seine Fähigkeit, Wasser zu speichern, und wird immer mehr zu dem, was er in Wirklichkeit auch ist: ein Pudding, den schon mal einer gegessen hat.

Die Eiweiß spaltenden Enzyme der Ananas befinden sich vor allem im Strunk. Deshalb wird er in der Fabrik herausgeschnitten; das ist der Grund für das Loch in den Scheiben. Scheiben ohne Loch beißen nämlich zurück. Während man eine Ananas isst, beginnt sie an einem zu nagen. Die Zunge kribbelt, und möglicherweise blutet auch das Zahnfleisch. Das ist weiter nicht schlimm, man muss nur dafür sorgen, als Erster mit dem Verspeisen fertig zu sein. Aber die Menschen haben ein Gegenmittel gefunden. Sie schneiden der Ananas nicht nur das Herz heraus, sondern machen ihr überhaupt den Garaus. In riesigen Fabriken werden die Früchte bei lebendigem Leibe gekocht. Und auf etwas angebratenem Hackfleisch, umhüllt von einem weißen Brötchen, werden die entseelten Ananasscheiben dann in der ganzen Welt als Hawaii Burger verkauft. Das Glück ist heute alltäglich geworden, wenn nicht sogar richtig gewöhnlich.

Der Zeitgeist

Auf der Grundschule hat man mir beigebracht, von den roten Beeren im Wald die Finger zu lassen. Sie seien giftig. Das könne man ganz leicht an ihrer roten Farbe erkennen. Die sei zur Warnung da. Auf der höheren Schule hörte ich dann, dass, im Gegenteil, rote Beeren gefressen werden wollen, und zwar mit Vorliebe von Vögeln, die den Samen dann in alle Winde ausscheißen. Die höhere Schule ist, wie der Name schon sagt, eine höhere Lehranstalt als die Grundschule, also musste diese Aussage wahr sein. Erst auf der höchsten aller Schulen, der Universität, begriff ich, dass beide Lesarten richtig sind. Manche Beeren sind rot, weil sie nicht gefressen werden wollen, und andere gerade, weil sie das wollen. Man kann also mit demselben Mittel zwei verschiedene Ziele verfolgen, oder dasselbe Ziel mit verschiedenen Mitteln. So was nennt man Anwendung alternativer Strategien.

Das funktioniert auch bei der Fortpflanzung. Um das Überleben der eigenen Art zu sichern, erfordert es gute Eltern. Oder schlechte. Neben guten Eltern, wie die Menschen es sind, die ihre Kinder zehn, zwanzig Jahre füttern und feucht hinter den Ohren halten, gibt es unter den Tieren schlechte Eltern. Erst legen sie einen Haufen Eier, und dann machen sie sich aus dem Staub. Allerdings einen sehr großen Haufen Eier. Ob man nun wenige Kinder gut versorgt oder viele Kinder schlecht, bleibt sich im Ergebnis gleich: Eins oder zwei werden immer erwachsen.

Bei den Seltenheiten unter den Tieren verhält es sich ebenso. Man kann als Art so gewöhnlich sein wie eine Meise oder ein Star zum Beispiel, dann ist die Arterhaltung keine Kunst. Viel netter aber ist es, selten oder vom Aussterben bedroht zu sein. Denn sobald die Förster oder die Leute von Greenpeace davon Wind bekommen, eilen sie einem zu Hilfe, man bekommt ein luxuriöses Reservat und wird auf dem Titelblatt von Ökozeitschriften abgebildet. Aussterben, wie es uns der World Wildlife Fund immer wieder prophezeit, werden der Panda oder das Nashorn zuallerletzt.

Ob groß oder klein, dick oder dünn, das ist egal. Elefanten überleben dank ihrer Größe, Mäuse, weil sie so klein sind. Einem großen Tier kann kaum etwas zustoßen, ein kleines Tier dagegen braucht nur wenig für seinen Lebensunterhalt. Beide Strategien funktionieren, solange sie konsequent befolgt werden. Ein großer Elefant, das ist prima, und eine kleine Maus auch; man sollte es aber tunlichst vermeiden, ein kleiner Elefant sein zu wollen oder eine große Maus.

Sie und ich, wir begreifen das. Wer in dieser Sache allerdings schwer von Begriff ist, das ist die Wirtschaft. Eine Firma will immer das sein, was sie gerade nicht ist. Ist sie klein, dann will sie fusionieren, ist sie groß, dann will sie sich in effektivere *units* aufteilen. Im ersten Fall nimmt die Firma teure Berater in Dienst, um sich erklären zu lassen, wie gut es sei zu fusionieren, im zweiten Fall engagiert sie nicht weniger hoch bezahlte Berater, um sich das Gegenteil raten zu lassen. Oft handelt es sich dabei um ein und dieselben Personen. Während Elefanten und Mäuse seit Menschengedenken problemlos nebeneinander existieren, versuchen die Elefanten der Wirtschaft immer wieder, Mäuse zu gebären, oder umgekehrt Mäuse Elefanten. Für einen Biologen ist das recht amüsant zu beobachten. Im Moment ist es wieder chic, Elefanten zu gebären. Das diktiert der Zeitgeist.

Zwar hat noch niemand den Zeitgeist je gesehen, aber er ist stärker als jede Vernunft, mächtiger sogar als Ihre Majestät, unsere Königin. Dass sich die jungen Leute früher mit langem Haar dem Establishment verweigerten und heute mit stromlinienförmiger Karrierefrisur so schnell wie möglich zu einem Teil davon werden wollen, ist ebenfalls das Werk des Zeitgeistes. Und der Zeitgeist hat auch bestimmt, dass früher *small beautiful* war und jetzt alles nicht groß genug sein kann. Fort muss geschritten werden, meint er. Und fort und fort und fort. Bis zum bitteren Ende.

Das Meeresleuchten

Meistens hatte man Glück. Meistens hatte man einen rothaarigen Jungen in der Klasse, den man nach Herzenslust hänseln konnte, wenn einem danach war. Man schrie ihm lauthals »Leuchtturm! Leuchtturm!« hinterher. Nett war das nicht, aber Gnade kannten wir keine. Selber schuld, wer rotes Haar hat.

Jungs mit rotem Haar gibt es immer noch viele, aber Leuchttürme scheinen aus der Mode gekommen zu sein. Vor kurzem wurde nach siebenundsiebzig Jahren treuer Dienste der Leuchtturm von Harlingen abgeschaltet. Das Bundesoberseeamt erklärte, Leuchttürme seien unnütz geworden. Heutzutage sei jedes Schiff mit Funk und Radar ausgerüstet, Satelliten wiesen viel sicherer den Weg. Und würde man auch sämtliche Leuchttürme abschalten, es gäbe deshalb keine Schiffskatastrophen noch und nöcher.

Das war früher anders. Verschlief sich der Leuchtturmwärter einmal, dann dauerte es nicht lange, und am Strand wurden die Leichen ertrunkener Seeleute angespült. Auf den Schultern eines Leuchtturmwärters ruhte eine große Verantwortung. Ob es stürmte oder schneite, der Leuchtturmwärter musste auf seinem Posten sein. Das hatte etwas Romantisches. Zu meiner Zeit war man als Tochter eines Leuchtturmwärters noch eine Sensation.

Aber von Romantik lässt sich's nur schlecht leben. Licht brennen zu lassen für nichts und wieder nichts, ist eine Sünde. Also aus damit. Der Turm darf ruhig stehen bleiben, wenn es sein muss, sogar fachmännisch restauriert, aber mit dem Leuchten ist es ein für alle Mal vorbei. Die moderne Zeit, Sie sagen es! Aber deshalb senkt sich noch lange nicht Dunkelheit übers Land. Während die Türme, die ursprünglich zum Leuchten da waren, verlöschen, leuchten andere Türme auf. Kein Städtchen mit älterem Stadtkern, bei dem der Kirchturm nach Einbruch der Dunkelheit nicht unter den hellen Lichtbündeln dutzender Flakscheinwerfer erstrahlt. Auch das alte Rathaus und die Windmühle auf dem Stadtwall drohen unter der Wucht ungezählter Watt zusammenzubrechen. Was einst als atmosphärische Lampionbeleuchtung der Mageren Brücke in Amsterdam begann, ist zu einer Landplage geworden. Das Gefunzel angeblich authentischer Straßenlaternen über glitzerndem Pflastergestein verblasst unter dem großen Aufklärungsleuchten, mit dem das Denkmalsamt vierundzwanzig Stunden pro Tag alles andere in den Schatten stellt.

All diese fröhlichen Lämpchen machen einen nur traurig. Eine Windmühle ist doch keine Stehlampe! All die erleuchteten Gebäude machen eine schöne Stadt zum spießbürgerlichen Wohnzimmer, aus dem alle Schemen und Schatten verbannt sind. Wie soll ein Kind richtig aufwachsen können, wenn alle nächtlichen Ausgeburten der Fantasie schon im Schlafzimmer von einem Anti-Angst-im-Dunkeln-Steckdosenlämpchen zu Tode geleuchtet werden?

Seeleute brauchen keine Leuchttürme mehr. Die alten Hafenstädtchen sind vom Meer aus leicht mithilfe der fremdenverkehrsamtlich grell erleuchteten Kirchen und Rathäuser auszumachen. Die ganze Küste ist eine gelbe Glutspur aus Straßen, Strandpromenaden und Treibhäusern.

Diese Überdosis an Licht macht es fast unmöglich, noch jenes Licht zu genießen, das vom Meer selbst ausgestrahlt wird. Hin und wieder kommt es an der Oberfläche des Meeres zu einem geisterhaften Glimmen, das aufflammt, wenn eine Welle bricht: das Meeresleuchten. Bei einer ausreichenden Konzentration bestimmter Einzeller im Wasser, hinterlässt jedes Schiff eine funkelnde Spur. Aber damit man dieses Licht sehen kann, muss es drum herum ordentlich finster sein, so wie es totenstill sein muss, will man das Rauschen des Watts hören. Oft ist einem dieses Glück nicht mehr vergönnt. Finsternis und Stille sind so selten geworden wie ein wild bewachsenes Grundstück. Seit wir alles haben, gibt es kein Nichts mehr. Das ist das Gesetz der Ökonomie. Es gibt alles zu kaufen, nur nicht das Nichts.

Der Schriftsteller

Haben Sie in letzter Zeit noch ein Liebespaar gesehen, bei dem der eine auf dem Schoß des anderen saß? In meiner Jugend gab es das zuhauf. Das waren die Verlobten. Stundenlang saßen sie in dieser Haltung, die man unter normalen Umständen keine fünf Minuten aushält: sie die Arme ihm um den Hals geschlungen, er seine keusch um ihre Taille gelegt. Und dann diese unermüdlich glücklichen Gesichter. Das ewige Auf-dem-Schoß-Sitzen – mehr durfte man mit so einem Schoß damals nicht machen. Verlangen wurde noch nicht durch sofortige Erfüllung im Keim erstickt.

Das müsste man der Jugend heute mal vorschlagen. Da hat doch jeder einfach alles. Daher auch die unzufriedenen Gesichter überall. Wünsche sind selten geworden. Sieht man jemanden auf der Straße, der lächelt, dann lächelt er, weil er einen Parkplatz gefunden hat.

Doch manchmal zerbröselt die Maske zu einer freundlichen Miene. Wenn man einem Bekannten begegnet zum Beispiel. Man grüßt sich, mit einem freundlichen Nicken oder sogar mit einer ausführlicheren Plauderei. Aber wie viele Worte auch gewechselt werden, gesagt wird im Allgemeinen nur wenig. Was sich die Leute zu sagen haben, kann man meist in einem Wort zusammenfassen: Tschüss!

Der Rest ist Klatsch und Tratsch. Für nichts ist die Sprache so gut geeignet wie für das Verbreiten von Klatschgeschichten. Am liebsten über Leute, die man vor einer Minute verabschiedet hat. Der Psychologe Robin Dunbar ist der Meinung, dass rund zwei Drittel aller Konversation sozialer Natur sei. Wer mit wem, wie, weshalb und warum, warum nicht mit mir und weshalb überhaupt. Rechnet man sämtliche zwischenmenschlichen Gespräche zu Hause, auf der Straße, in Kneipen oder auf der Arbeit zusammen, dann wird man kein Thema finden, das mehr als zehn Prozent der gesamten Sprechzeit in Anspruch nähme. Nicht einmal Autos oder Eier. Über die Leute wollen wir uns unterhalten, und zwar mit anderen Leuten. Wir sind von Natur aus verschlagene Klatschbasen. Aber es gibt immer jemanden, der es noch besser kann als man selber. Am allerbesten tratschen die Schriftsteller: Indiskretes Herumgewühle in den Intimangelegenheiten anderer Leute, mehr ist Schriftstellerei nicht. Die Engländer nennen das *fiction*.

Fiction gibt es zweierlei: diejenige, bei der sie sich am Ende nicht kriegen, und die, bei der sie sich kriegen. Trotz dieser eingeschränkten Variationsmöglichkeiten stehen ganze Buchhandlungen und Bibliotheken voller *fiction*. Man kann sich nur wundern. Was kümmert es den Leser, ob Romeo seine Julia kriegt oder nicht? Sollen die Stürme doch um die Höhen brausen! Was soll's! Da kann man nur raten, doch lieber ein Buch über Nähmaschinenreparaturen, über die Herstellung von rostfreiem Stahl oder die isländische Geschichte zur Hand zu nehmen. Und dennoch ist *fiction* dem Erhalt der Menschenart zuträglicher als *non-fiction*. Wir haben zig Jahrtausende ohne Nähmaschine und Kruppstahl verbracht, aber keine Minute ohne Klatsch und Tratsch. Klatsch lehrt einen etwas über das Leben, Klatsch macht einen zum Mitwisser, Klatsch hält die Gesellschaft zusammen. Aber so unverzichtbar dieses soziale Bindemittel auch ist, es ist von lausiger Qualität. Jeden Tag muss es erneuert werden.

Das Bedürfnis nach Klatsch ist so groß, dass er sogar maschinell hergestellt wird. Und zwar in Form des Fernsehens. Ein elektrisches Schlüsselloch voller Klatsch, Tratsch und übler Nachrede. Die Menschen können nicht genug davon kriegen. Der Rest der Affen übrigens auch nicht. Im amerikanischen Yerkes-Affenzentrum dürfen die Schimpansen gegen die Langeweile fernsehen. Tierfilme über Artgenossen sind ihre Lieblingssendungen. Aber wenn gerade keiner läuft, finden sie Menschengucken auch ganz toll, und am tollsten, wenn die sich streiten. Talkshows zum Beispiel. So viel zum Thema Klatsch und Tratsch.

Der Käskopp

Nasen sind da, damit man hinter ihnen herläuft. Deshalb sind sie auch vorn. Eine Nase ist ein Kundschafter. Noch bevor man selber irgendwo ist, ist die Nase schon da. Und je länger eine Nase ist, desto eher weiß der, dem sie gehört, was ihn erwartet. Deshalb ist eine Nase der beste Verbündete der Vorfreude. Man wandert durch die Dünen in Richtung Strand und riecht plötzlich das Meer. Spätestens jetzt weiß man: Es wird ein herrlicher Tag.

Wie schön muss das früher gewesen sein, als man schon von weitem die Dampflokomotive roch, die einen in die Ferne tragen würde! Der ganze Bahnhof duftete nach Erwartung: der Dampf, die Kohlen, das Schmieröl. Heutzutage riecht ein Bahnhof nach Käse – geschmolzenem Käse, um genau zu sein. Wenn man nicht aufpasst, bekommt man statt einer Fahrkarte ein Stück Pizza in die Hand gedrückt. Der Gestank der Käseschmelzereien treibt einen schnell zum Zug, den man voller Hoffnung besteigt, dort außer einem Nichtraucher- auch ein pizzafreies Abteil vorzufinden.

Früher hatten wir zwar auch Käse, aber wir schmolzen ihn nicht. Wozu hatte man einen Käsehobel? Dem Gestank von geschmolzenem Käse konnte man ganz einfach entgehen, indem man Bistros und Partys des bürgerlichen Mittelstandes kategorisch mied. Bei den Partys gab es immer Käsefondue und in den Bistros dräute die Zwiebelsuppe. Ich erinnere mich an einen alten englischen Horrorfilm, in dem die Erde von riesigen, außerirdischen Schlingpflanzen bedroht wurde, die ihre langen Tentakel auf Menschen schleuderten, sie einwickelten und verzehrten. Eine Woge des Wiedererkennens ging durch den Kinosaal; das Käsefondue war gerade der letzte Schrei. Zwiebelsuppe servierte man damals mit dem unverzichtbaren französischen Chanson als Beilage. Sämtliche Sinnesorgane wurden schwer strapaziert. Der Krach war dabei noch das Geringste, den dämpfen Hammer, Amboss und Steigbügel im Ohr, aber Gestank dringt durch die Nase ungehindert in die tiefsten Tiefen des Gehirns: Wie ein Vorschlaghammer drischt geschmolzener Käse auf Hunderttausende empfindlicher Nervenenden ein.

Dieser Mangel an Feingefühl entlarvt die Herkunft der heutigen Käseplage: Amerika. Nach Meinung von Professor Harold Morowitz nahm die »Fromagification« in den Vereinigten Staaten ihren Anfang, als die Italiener so um das Jahr 1935 damit begannen, auch dort ihre verfluchten Pizzen zu backen. Diese Verkäsung nahm dann in den Siebzigerjahren mit Tacos und Cheeseburger einen weiteren Aufschwung, bis ausnahmslos jede Stadt nach Käse stank. Die Molkereien kriegten sich nicht mehr ein vor Freude. Seit alle nur noch fettarme Milch trinken, blieben sie auf enormen Überschüssen an Milchfett sitzen. Die konnten sie nun prima mit dem Käse wieder loswerden. Das ganze Fett, das man sich spart, indem man fettarme Milch trinkt, kriegt man mit dem Käse wieder voll aufs Brot geschmiert. Um alles Käsefett an den Mann bringen zu können, wird man in jedem Ökoladen durch die Behauptung angeschmiert, Käse sei gesund. Aber die Nase lässt sich nicht foppen. Die schlägt beim kleinsten Hauch von geschmolzenem Käse Alarm. Käse ist nämlich nichts anderes als verrottete Milch. Nur nennt man beim Käse dieses Verrotten Reifen. Schon normaler Käse riecht verdächtig, wird er aber geschmolzen, schreit er uns geradezu ins Ohr: »Nicht essen! Bloß nicht essen!« Nur wenige Bahnhofsbesucher sind in der Lage zu erkennen, was sie ihren Nasen antun. Nasen können ihrer Verzweiflung nun einmal keinen Ausdruck verleihen. Schon mal eine ängstliche Nase gesehen? Oder eine, die sich freut?

Die niederländische Eisenbahngesellschaft plant, so lese ich in der Zeitung, noch mehr Bahnhöfe mit Käsegestank zu verpesten. Aber nicht nur dem Käse müssen die Fahrkarten weichen, inzwischen kann man auf jedem größeren Bahnhof auch Krawatten kaufen. So gelangt man immer gut angezogen zu seinem Diner oder Bewerbungsgespräch. Aber da ist Vorsicht geboten. Welcher Personalchef würde sich schon für einen Bewerber entscheiden, dessen Krawatte nach Käse riecht?

Die Göttin

Das Schöne am Fernsehen ist, dass man's zu Hause machen kann. Von seinem Fernsehsessel aus sieht man in aller Gemütlichkeit, was woanders passiert. Aber das ist nicht jedem vergönnt. Immer öfter muss ein Teil der Zuschauer selbst ins Fernsehstudio. Immer mehr Sendungen erfordern ein Publikum. Eine Hand voll Zuschauer sitzt auf einem Podest und schaut Fernsehen ohne Fernsehapparat. Nach dem Ende jeder Sendung lädt der Moderator das häusliche Publikum dazu ein, doch selbst einmal an einer Sendung teilzunehmen. Denkste! Einen Teufel werd ich. Denn als Publikum darf man gar nichts. Nicht gähnen, nicht in die Kamera schauen, sich nicht mit dem Sitznachbar unterhalten und winken schon gar nicht. Weshalb sollte man also? Zu Hause darf man winken, so viel und so lange man will, und auf dem Sofa einschlafen darf man auch, wenn's sein muss sogar mit offenem Hosenladen. Ein Knopfdruck genügt, und der Moderator ist mitsamt dem ganzen Kladderadatsch von meinem kleinen Stück Erdboden verschwunden.

Weil die Sender aber nun mal Publikum haben wollen, werden ganze Altenheime leer geräumt. Unter Protest und heftiger Gegenwehr werden die Rentner eingesammelt und von nah und fern angekarrt. Sobald ein Bus mit dem Senderlogo am Horizont erscheint, verriegeln die Alten der Stadt Tür und Tor. Vergeblich. Ab mit euch ins Studio! Wärt ihr jung geblieben, selber schuld! Und ja nicht einschlafen, verstanden! Der Kampf gegen den Schlaf ist dann auch verantwortlich für den oft unmotiviert auftretenden Beifall in den Studios. Die Zuschauer zu Hause sehen es mit Befriedigung. Allein der Gedanke, nicht selber dort sitzen zu müssen, hebt die Laune beträchtlich.

Trotzdem gibt es sie noch, die Sendungen, die ohne Publikum auskommen. Aber die sind bei weitem nicht so häufig wie jene, die zwar ein Publikum haben, aber trotzdem nicht ausgestrahlt werden. Letztere nennt man Lesungen. Für das Publikum haben sie den Vorteil, dass man sich nicht wie im Fernsehen zum Affen macht und ab und zu auch was sagen darf. Außerdem dürfen hier die Zuschauer, die bei einer Lesung merkwürdigerweise Zuhörer heißen, nach einer kurzen Pause selber Fragen stellen. Das erleichtert die Arbeit des Sprechers ungemein, vorausgesetzt, er hat immer eine gute Antwort parat. Mir selber verschlägt es hin und wieder schon mal die Sprache. Dann war es meist eine gute Frage.

Wie alt ich sei, will der Saal wissen, und warum. Was ich von Sex mit Kindern hielte, wie alt ein Känguru werden könne und ob es mir ernst sei mit dem, was ich sage. Ob ich es schon einmal mit einer Ziege getrieben hätte und was Frau Dekkers – so es eine gebe – denn darüber denke. Neulich ging es um Gott. »Ist Gott nun ein Mann oder eine Frau?«, wurde ich gefragt. »Keine Ahnung«, antwortete ich wahrheitsgemäß, »bei Meerschweinchen kann man das Geschlecht nicht so leicht feststellen.«

Ist Gott denn ein Meerschweinchen? Vielleicht. Fest steht lediglich, dass unseres Schöpfers Sohn, dessen Geburtstag wir jede Weihnachten feiern, ein Säugetier war. Nur sagen darf man das nicht. Als ich einmal in einer Radiosendung über dieses Säugetier aus Bethlehem sprach, bekam ich viele böse Hörerbriefe. Obwohl es stimmt. Als Menschgewordener verfügte Jesus Christus über zehn Zehen zum Gehen, einen Pimmel zum Beschneiden, und – wie man an jedem Kruzifix erkennen kann – auch über zwei Brustwarzen. Ein Menschgewordener ist zweifellos ein Säugetier. Ganz im Gegensatz zum Heiligen Geist. Der ist eine Taube und also ein Vogel.

Ein Säugetier und ein Vogel! Mich dünkt, ein Biologe ist durchaus befugt, ein Wörtchen mitzureden, wenn es um Gott geht. Nehmen Sie deshalb das nächste Mal, wenn

Sie in die Kirche gehen, außer der Bibel ruhig ihren Naturführer mit. Und sei's auch nur wegen der Fledermäuse, die sich in der Kirche meist zahlreicher finden als Gläubige. Außer es findet in der Kirche gerade eine Fernsehaufnahme statt. Das sieht man aber sofort, denn dann sind die Kirchenbänke voll gestopft mit Rentnern.

Der Mitesser

Sex ist eine feine Sache. Aber nicht die allerfeinste. Essen ist bei weitem feiner. Das tun wir deshalb auch dreimal am Tag, jeden Tag wieder, nicht eingerechnet die Zwischenmahlzeiten mit wechselnden Partnern. Die Welt strotzt vor Sex, aber noch immer gibt es mehr Bäcker als Pornoläden und mehr Restaurants als Bordelle. Aus manchem Sexshop wurde eine Croissanterie. Sex ist schön, aber man muss dabei essen können. Dieser Meinung sind auch alle Tierarten. Wenn unsere Ohren jedes Geräusch, das sie auffangen, zu unserem Gehirn weiterleiten würden, dann würde dieses erschüttert von all dem Genage, dem Gesabber, dem Gekaue, dem Geschlürf und Wiedergekäue der Natur um uns herum.

Leben ist essen. Aber warum? Existiert wirklich kein Lebewesen, das nicht immer Nahrung nachtanken muss? Sollten wir vielleicht mit der Anschaffung eines Haustieres warten, bis es ein Modell gibt, das nichts mehr zu fressen braucht? Nein, denn so ein Haustiermodell wird es nie geben. Weder Menschen noch Tiere werden jemals ohne

Nahrung auskommen können, und zwar, weil sie daraus ihre Lebensenergie ziehen. Ein Auto braucht Benzin zum Funktionieren, ein Kohleofen Kohle, Allesverbrenner alles und ein Mensch Spinat, Suppe, Schlagsahne, Schnaps und Pommes. Wie viel Energie aus diesem Essen gezogen wird, zeigt ein Blick auf die Kalorientabelle. Wer eine solche studiert, betrachtet eine Kartoffel oder einen Hamburger hinterher mit mehr Respekt. Ein Hamburger zum Beispiel liefert circa fünfhundert Kalorien, das reicht per definitionem, um fünfhundert Gramm Wasser auf tausend Grad zu erhitzen oder fünf Liter Wasser zum Kochen zu bringen. Demnach hat ein kleines Eis am Stiel so viel Energie wie eine Stange Dynamit, und die Energie eines Beefsteaks würde ausreichen, einen Menschen umzubringen. Das passiert deshalb nicht, weil die Energie nicht mit einem Schlag, sondern nur allmählich frei wird.

Inzwischen ist die Angabe der Nahrungsenergie in Kalorien veraltet. Heute wird vorwiegend in Joule gerechnet. Ein modernes Joule entspricht ungefähr vier altmodischen Kalorien. Für Leute, die sowieso kaum etwas anrühren dürfen, ist das ein Vorteil, denn dadurch dürfen sie das Vierfache an Joule verspeisen wie an Kalorien. Außerdem erleichtert das Einheitsmaß Joule das Umrechnen in andere Energieformen wie beispielsweise Elektrizität. So lässt sich ausrechnen, dass ein menschlicher Körper im Ruhezustand so viele Joule verbrennt wie eine 100-Watt-Birne. Mit all dem Kochen und Essen führen wir unserm Körper pro Tag nicht mehr Energie zu, als circa 2 $\frac{1}{2}$ Kilowatt Strom entsprechen. Aus der Steckdose gezogen, würden diese 2 $\frac{1}{2}$ Kilowatt nicht mal fünfzig Cent kosten.

Wer mehr Energie verbraucht, muss auch mehr essen. Umgekehrt bringt die Erhöhung der Nahrungszufuhr leider nicht mehr Energie mit sich. Denn Nahrungsenergie wird, wie gesagt, nur langsam freigesetzt. Mehr als 400 Watt erreichen wir nicht. Müssten wir unsere Häuser mit Muskelkraft beleuchten, hätten wir nur schummriges Licht im Haus. Auch was Heben und Tragen betrifft, sind die Grenzen unserer Körperleistungen nur zu bekannt. Unsere Ahnen hatten dafür eine Lösung. Sie heuerten zusätzliche Körper an, die mitheben und mittragen sollten. So bauten sie sogar Pyramiden, wobei auch Tiere zum Einsatz kamen.

Doch dieses System von Arbeitseseln und -sklaven hatte einen großen Nachteil: Wer mithebt und mitträgt, muss auch mitessen. Erst im vorigen Jahrhundert fand sich dafür eine Lösung. Es wurden Nahrungsmittel entdeckt, die Mensch wie Tier verschmähten, weshalb sie im Überfluss vorhanden und außerordentlich billig waren: Steinkohle und Erdöl. Jetzt brauchte man nur noch Tiere zu erfinden, die sich von Steinkohle und Erdöl ernährten. Diese Tiere kennt man inzwischen unter dem Namen Maschinen. Dank der Maschinen verbraucht ein moderner Niederländer sechzigmal so viel Energie, wie er selbst herstellen kann. Mit anderen Worten, wir haben uns gewissermaßen sechzig Sklaven angeschafft, die uns fortbewegen, unsere Wäsche waschen und unsere Nahrung anbauen. Mehr als ein bisschen Öl und Benzin wollen diese Maschinensklaven als Gegenleistung dafür nicht haben. Für ein Glas Benzin verrichtet eine Maschine so viel Arbeit wie ein menschlicher Sklave für drei Mahlzeiten. Eine Maschine braucht keine Mahlzeiten; sie mag sie nicht einmal. So bleibt uns nur noch übrig, den ganzen Spinat, die Suppe, die Schlagsahne, den Schnaps und die Pommes selber zu verdrücken. Aber das machen wir ja gerne. Denn schließlich ist essen eine feine Sache – besser als Sex.

Die Hauspflanze

Das Kind ist süß, der Hund brav. Doch süßer als das Hausmenschlein und braver als das Haustier ist die Hauspflanze. Deshalb stellen wir auch unsere Fensterbänke damit voll. Wer in den Niederlanden aus dem Fenster springen will, muss zuerst einmal die Geranien, Fleißigen Lieschen, Zimmeraralien, Usambaraveilchen und Sansevierien aus dem Weg räumen. Würde man alle Zimmerpflanzen der Niederlande nebeneinander stellen, dann käme man – zwei Quadratmeter pro Familie gerechnet – rasch auf eine tausend Hektar große Naturoase, die in keinem Ökoführer zu finden ist.

Außerdem ist eine Hauspflanze stubenrein. Während die lieben Kinderlein überall Brei hinschmieren und der Hund die Briefmarkensammlung frisst, bewegen sich die Begonien und die Zyklamen keinen Zentimeter von der Stelle. Bellen ist bei Begonien auch nicht üblich, und eine Zyklame wird nicht läufig. Im Gegenteil, die Ausscheidungen einer Pflanze sind gasförmig und erfrischend. Pflanzen mögen keine stinkenden Pansen und sind überraschend billig im Unterhalt. All diese Vorteile lassen sich auf einen fundamentalen Unterschied zwischen Pflanzen- und Tierreich zurückführen.

Weil ein Tier von anderen Organismen lebt – entweder von Pflanzen oder anderen Tieren –, muss es zu diesen gelangen können. Deshalb haben Tiere Beine und Pfoten, dafür brauchen sie Muskeln und, wenn sie nirgendwo dagegenlaufen wollen, Augen und/oder Ohren. Eine Pflanze kann normalerweise auf das alles verzichten. Ein paar Wurzeln, um Wasser aufzusaugen, ein paar Blätter zum Einfangen des Sonnenlichts und dazwischen ein Stück Stängel, damit kommt sie aus. Umso überraschender ist es, dass sie ohne Hände und Füße derart massenhaft unsere Häuser erobern. Katzen schnurren, Kaninchen kann man mehr oder weniger streicheln, und Hunde haben diesen gewissen Blick. Man fragt sich, was Zimmerpflanzen dieser ganzen tierischen Geselligkeit entgegenzusetzen haben? Nun, so viel wie ein Haustier, nur subtiler. Denn auch eine Zimmerpflanze appelliert an unseren Pflegeinstinkt. Kommen wir dem nicht genügend nach, fängt die Pflanze nicht etwa zu plärren oder winseln an, sondern vergilbt in aller Stille. Sollte das nichts nützen und auch nachdrückliches Herabhängenlassen verschiedener Pflanzenextremitäten beim Besitzer noch kein Schuldgefühl auslösen, wirft die Pflanze schließlich die Blätter ab – eines nach dem anderen, um unserer Unaufmerksamkeit Blatt für Blatt die Chance zur Wiedergutmachung zu geben. Eine Fensterbank voll hinfälliger Zimmerpflanzen kann auf uns einen genauso vorwurfsvollen Eindruck machen wie ein Korb voll triefäugiger Bassetwelpen.

Zur Belohnung gibt es einen Wasserguss und etwas

Substral als Erfrischungshäppchen. Und was haben wir davon? Die Gewissheit, noch nie mit so wenig Aufwand so viel Leben gerettet zu haben.

Ach, sehen Sie sich doch nur die dummen Schäfchen an! Ein Schnitt mit der Gartenschere, und ein ganzer Zweig ist ab, ein wenig Entschlossenheit, und die alte Geranie ist durch eine neue ersetzt. Wehrlos sind die Pflanzen. Und je wehrloser etwas ist, desto besser lässt es sich verhätscheln.

Doch diese Wehrlosigkeit ist nur Schein. Wären Pflanzen wirklich so wehrlos, wie sie aussehen, dann wären sie, trotz ihrer enormen Bodenhaftung vom gefräßigsten aller Tiere längst weggefressen worden: dem Vegetarier. Ein Vegetarier muss jede Minute, die er wach verbringt, an etwas grasen, knabbern oder nagen. Grau und kahl wäre die Erde, vollkommen entblättert, wüsste sich so manche Pflanze nicht trefflich zur Wehr zu setzen. Das geschieht mit Dornen und Stacheln, doch vor allem, hinterlistig wie Pflanzen sind, auch mit Gift. Außer über Stoffe zur Unterstützung ihrer Mechanik verfügen einige Pflanzen auch über Stoffe, die nur den einen Zweck haben: potenzielle Pflanzenfresser abzuschrecken. Wie gut ihnen das gelingt, sieht man in Wald und Flur. Die Tatsache, dass sämtliche Ausflugslokale in der freien Natur bis auf den letzten Platz besetzt sind, weist ja auch darauf hin, dass sich außerhalb der Wirtschaften kaum was wirklich Essbares findet. Lindenblätter mögen wir nicht, Gras enthält zu viel Silizium, der Verzehr von Eibenbeeren ist tödlich, und von den paar verstreuten Brom- und Heidelbeeren kann keiner satt werden.

Die wirklichen Verlierer des Pflanzenreiches finden sich denn auch nicht draußen in der Natur, sondern im Obstkorb und im Gemüsefach des Kühlschranks. Beim Pflanzenmetzger eingekauft. Als Gift untauglich, folglich schmackhaft.

Während die Kartoffeln und der Chicorée gerade auf dem Herd vor sich hinköcheln, verabreichen wir den Siegerpflanzen auf der Fensterbank noch ein bisschen Wasser. Stolz blühen sie davon auf. Wichtigtuerei! In der Nacht fegt der Hund mit seiner Rute die Geranie vom Fensterbrett, und die Katze kaut das Zypergras zipflig.

Das alte Frauchen

Mädchen sind schwieriger als Jungen. Jedenfalls machen Mütter merklich weniger davon. Auf hundert Jungen, die in den Niederlanden geboren werden, kommen fünfundneunzig Mädchen. Das sind fünf zu wenig. Was sollen also die Klagen über die Männergesellschaft!

Dabei brocken sich die Frauen das gar nicht selber ein. Ob es ein Junge oder ein Mädchen wird, bestimmt nicht die Mama, sondern der Papa. Sein Samen ist es, der würfelt. Trägt der Gewinner des großen Samenzellenrennens in Richtung Eizelle ein X-Chromosom in sich, dann wird es ein Mädchen, hat er ein Y, dann kommt ein Junge heraus. Von beiden Sorten Samen besitzt der Mann aber gleich viel. Bei jedem »Schuss« empfängt die Frau außer, sagen wir mal, 3142617 Jungensamenzellen auch 3142617 Mädchensamenzellen; man kann also mit Fug und Recht erwarten, es würden gleich viele Mädchen wie Jungen geboren. Wodurch gerät die Mädchenmannschaft nur so ins Hintertreffen? Was spielt sich in den dunklen Höhlen des weiblichen Leibes ab? Die einzige plausible Erklärung ist, dass die Jungen schon im Samenstadium den Mädchen an Schnelligkeit einiges voraus haben, weshalb es ihnen im Schlusssprint die bewussten paar Male öfter gelingt, die Eizelle zu erreichen, als dem Damenteam. Geburtsanzeigen existieren nur, um dies zu beweisen: mehr Peters als Petras, weniger Martinas als Martins.

Hurra, schon wieder ein Brüderchen! Und was, wenn man sich ein Töchterchen gewünscht hatte? Noch mal probieren? Stellen Sie sich vor, es wird wieder ein Sohn! Wie groß die Chance ist? Größer als eins zu vier. Die Wahrscheinlichkeit, drei Söhne hintereinander zu kriegen, ohne dass ein Mädchen dazwischenrutscht, liegt bei eins zu sieben, und die Chance, Mutter von sieben schwesternlosen Brüdern zu sein, ist immer noch größer als ein Prozent. Sogar beim achten Versuch, ein Mädchen zu zeugen, sollte man bedenken, dass die Möglichkeit, einen Sohn zu bekommen, immer noch fünfzig zu fünfzig steht.

Jungen sind eben leichter zu machen als Mädchen. Wie aus Rache sind sie aber von geringerer Qualität. Jungen sind Pfusch. Ein Großteil der Jungen geht schon vor der Geburt hops. Wäre dem nicht so, kämen sogar anderthalbmal so viele Menschenmännchen wie -weibchen auf die Welt. Viele Jungen vermurksen schon die ersten Zellteilungen und werden von der Mutter unbemerkt abgestoßen. Doch auch die Jungen, die sämtliche Zellteilungen und die Geburt erfolgreich hinter sich bringen, sind von minderer

Qualität als die Mädchen. Ihr ganzes Leben hindurch werden sie früher sterben als diese. Schon um das dreißigste Lebensjahr herum ist in einem Jahrgang der männliche Überschuss weggestorben, und das Mann-Frau-Verhältnis beträgt jetzt, wie es sich gehört, eins zu eins. Bei Achtzigjährigen überwiegt der Frauenanteil enorm, und manches Altersheim ähnelt mehr einem Frauenhaus.

Wer hilft aber all den alten Frauchen über die Straße? Wo sind die ganzen hilfsbereiten jungen Männer, die dafür nötig sind? Seit kurzem kennt man eine Lösung für dieses Problem: Es liegt beim Metzger! Während Gemüse- und Lebensmittelhändlerinnen hundertfünf Jungen auf hundert Mädchen kriegen, bringen es Metzgerinnen auf hunderteinundzwanzig Jungen! Man vermutet, dass es mit den Hormonen im Fleisch zu tun hat. Schweine und Rinder bekommen Wachstumshormone gespritzt, diese Hormone gelangen ins Fleisch, das Fleisch in den Metzger, der Metzger in die Metzgersfrau, und aus der Metzgersfrau schlüpft ein Metzgersjunge. Und dieser Metzgersjunge wird dereinst mal einem alten Frauchen über die Straße helfen. Die Natur hat sich bei einem Problem noch immer etwas einfallen lassen!

Das Monster

Die Welt wurde in weniger als einer Woche erschaffen. Und das sieht man ihr auch an. Pfuscharbeit von jemandem, der es enorm eilig hatte. Deshalb gibt es auch so viel zu beanstanden. Ist dem Schöpfer denn wirklich nichts Besseres eingefallen als die Evolution, eine Blut- und Verschwendungsorgie, bei der Millionen Individuen geopfert werden, nur damit an einer Hand voll Überlebender minimale Verbesserungen vorgenommen werden können? Warum hat Er, der so ganz nebenbei die Pfefferpflanze entworfen hat, nicht gleich die Beefsteakpflanze dazu erfunden, damit wir Vegetarier mit gutem Gewissen *steak au poivre* essen könnten? Zwar sagen wir zum Schöpfergott nicht gerade: »Setzen! Sechs!«, aber es ist nicht zu leugnen. Gott hätte es besser richten können!

Es gibt Leute, die sich nicht damit zufrieden geben. Sie fangen selber mit dem Schöpfen an. Aus einem Wolf machen sie einen Pudel, aus einer Pflanze eine Sansevieria. Allerdings mit kaum besserem Erfolg. Auch das: Pfusch! Menschenwerk! Was den Menschen nicht davon abhielt, sich an Gottes Glanzleistung zu vergreifen: dem Menschen. Am bekanntesten sind die Experimente von Dr. Frankenstein.

Der Fehler des Dr. Frankenstein war, alles von Anfang an neu machen zu wollen. Würden wir heutzutage einen Menschen erschaffen wollen, dann aus künstlichen Ersatzteilen wie einem Kunstherz, einer Eisernen Lunge und Holzbeinen. Frankenstein ging aber wie ein Landstreicher zu Werke, der aus aufgesammelten Zigarettenkippen neue

Zigaretten bastelt. Er klaubte sich aus Gräbern und anatomischen Hörsälen gut erhaltene Menschenstücke zusammen – ein Stück Opa hier, ein Fetzchen Tante da, ein alter Backenzahn dort – und heftete diese mehr schlecht als recht mit großen Stichen aneinander. Daraufhin hievte er mithilfe einer eisernen Bahre dieses Flick- und Stückwerk an die Decke des Labors empor, möglichst nah ans himmlische Feuer. Und beim nächsten schweren Gewitter hauchte ein Blitzschlag dem alten Menschen neues Leben ein.

Wie schauerlich muss es gewesen sein zu sehen, wie in der dunklen Nacht etwas Totes zum Leben erweckt wurde. »Es war schon ein Uhr«, schrieb Frankenstein. »Der Regen klatschte entsetzlich gegen die Fenster, und meine Kerze war schon fast abgebrannt, als ich im dämmrigen Licht sah, wie das Wesen die schläfrigen, gelben Augen öffnete; es atmete schwer, ein Krampf durchfuhr seine Glieder. Das Haar war von prachtvoller Schwärze und die Zähne perlweiß. Doch diese Schönheit bildete einen umso schrecklicheren Kontrast zu der faltigen Haut, den dünnen, schwarzen Lippen und den wässrigen Augen, deren Farbe sich kaum von den fahlweißen Höhlungen, worin sie lagen, unterschied.«

Das Experiment war zu erfolgreich gewesen. Das neu entstandene Wesen war kein Fleisch gewordener Roboter, sondern ein Mensch mit nur allzu menschlichen Neigungen. Das Menschliche an diesem Monster offenbarte Frankenstein das Monsterhafte im Menschen. Getrieben vom Verlangen nach einem bisschen Liebe, ermordet das Monster ein kleines Kind. Es nimmt ein übles Ende mit dem Kunstmenschen. So weit der Film.

In der literarischen Vorlage von Mary Shelley geht die Geschichte weiter. Das Monster bittet Frankenstein, eine Frau zu machen, damit es auch von jemandem für lieb und schön gehalten würde. Der Doktor macht sich an die Arbeit und ist mit seiner Monster-Eva schon ziemlich weit, als ihm aufgeht, dass Monstermann und Monsterweib zusammen eine Menge Monsterkinder machen könnten. Die ganze Welt würde von einer Monsternachkommenschaft überflutet. Mit blutendem Herzen vernichtet Frankenstein sein fast vollendetes Geschöpf. So weit das Buch.

In Wirklichkeit nahm die Geschichte, wie wir wissen, aber ein ganz anderes Ende.

Quellen

Die einzelnen Geschichten dieses Bandes stammen aus folgenden Textsammlungen von Midas Dekkers:

De gnoe en andere beesten, Uitgeverij Contact 1998; *De beste beesten 2,* Uitgeverij Contact 1997; *De koe en de kanarie,* Pandora Pockets 1999; *De mol en de baviaan,* Pandora Pockets 1995; *De mandril en andere beesten,* Uitgeverij Contact 1996; *De kip en de pinguin,* Pandora Pockets 1995.

Die Auswahl besorgte Carel ter Haar.